heintges
ERFOLGREICH AUSBILDEN & LERNEN

Land- und Waldbau, Wildhege

Arbeitsblätter

Entwickelt bei
HEINTGES LEHR- UND LERNSYSTEM GmbH
Leopoldstraße 4, D-95615 Marktredwitz, Tel. 09231/4198, Fax: 09231/4199
www.lehrundlern.heintges.de

Fachliche Bearbeitung:
Klaus Schmidt

Für die fachliche Beratung sprechen wir unseren besonderen Dank aus:
Herrn Werner Kuhn, Güntersleben

Sicher durch die Jägerprüfung

Arbeitsblätter:	**Land- und Waldbau, Wildhege**
Entwicklung und Konzeptionierung:	Dipl. - Ing. Friedhelm Heintges
Herausgeber:	Dipl. - Ing. Wolfgang Heintges
Fachliche Bearbeitung:	Klaus Schmidt
Umsetzung, Grafische Gestaltung:	Barbara Heintges
Druck:	Spintler Druck und Verlag GmbH Hochstraße 21, 92637 Weiden
Auflage:	10. Auflage 2015

Printed in Germany

Geschäftsführer: Dipl.-Ing. Wolfgang Heintges
Geschäftsführerin: Barbara Heintges
Leopoldstraße 4, D-95615 Marktredwitz
Tel.: 09231/4198, Fax: 09231/4199
www.lehrundlern.heintges.de
lehrundlern@heintges.de

ISBN-Nr. 978-3-944112-02-2

Das Fachgebiet „Land- und Waldbau" erweist sich als einer der schwierigsten Bereiche bei der Vorbereitung auf die Jägerprüfung.

Die Problematik liegt insbesondere in der Unterscheidung von notwendigem Grundwissen und speziellen Detailinformationen. Auch die Prüfungsanforderungen der einzelnen Bundesländer unterscheiden sich in diesem Punkt.

An dieser Stelle ist der einzelne Ausbilder gefordert zu entscheiden, wie tiefgreifend das im jeweiligen Bundesland abverlangte Wissen sein soll.

Der Jäger muss Grundkenntnisse des „Land- und Waldbaues" besitzen, denn Feld und Wald sind der Lebensraum der frei lebenden Tierwelt und somit auch der jagdbaren Arten.

Unsere Kulturlandschaft wird durch die Land- und Forstwirtschaft geprägt. Viele Arten werden durch die Landnutzung des Menschen in ihrer Ausbreitung beeinflusst - positiv oder negativ.

Außerdem können die Lebensraumanforderungen von Wildtieren und der Nutzungsanspruch des Menschen zu Konflikten (Wildschäden) führen.

Deshalb muss der Jäger in der Lage sein, zu beurteilen, ob im Revier der Wildbestand dem natürlichen Äsungsangebot angepasst ist.

Es stellt sich für den Jäger auch die Frage, inwieweit er mit Biotophegemaßnahmen die Lebensbedingungen der frei lebenden Tierwelt verbessern kann.

Hierfür sind wiederum Grundkenntnisse des „Land- und Waldbaues" notwendig.

Aus diesen Gründen wurden die Fachgebiete „Land- und Waldbau" und „Wildhege" in einem Arbeitsheft zusammengefasst. Im Abschnitt „Land- und Waldbau" werden die Grundkenntnisse vermittelt, auf welchen der Teil „Wildhege" aufbaut.

Klaus Schmidt

Land- und Waldbau - von gestern bis heute

Ursprünglich war der Mensch bezüglich seines Nahrungserwerbes Sammler, Jäger und Fischer. Vor ca. 6.000 Jahren begann er gezielt Ackerbau in Form von einfachem Landbau zu betreiben, anfangs auf natürlichen Freistellen, dann auf durch Waldrodungen gewonnenen Landflächen. Die mittels Aussaat anfangs eingesetzten sogenannten Einkornpflanzen wie z. B. Getreide, Bohnen, Erbsen wurden nicht zuletzt mit Ausdehnung des römischen Reiches um weitere Feldfrüchte erweitert. Es kam zum flächenhaften Anbau von Obst, Gemüse und Hackfrüchten.

Im fortschreitenden Nahrungsdenken des 18. / 19. Jahrhunderts begann man gezielt mit der Ausrottung störender „Unkräuter" und „Ungräser" und mit der Ertragssteigerung durch Einbringen von immer mehr Düngern (Mineraldüngern) und züchterischen Weiterentwicklungen der Kulturpflanzen.

Diese Entwicklung verstärkte sich in den letzten Jahrzehnten insbesondere durch den erhöhten Nahrungsbedarf und zunehmendes Konsum- / Gewinndenken. Hinzu kamen die Entwicklung und der Einsatz von künstlichen Düngern und chemischen Pflanzenschutzmitteln sowie Bodenverbesserungen (Meliorationen) wie z. B. Entwässerungen, Flussbegradigungen. Als Folge davon kam es zu einem Artenrückgang bei Pflanzen und Tieren.

Erste Eingriffe im Wald vollzogen sich in Form von Wegebau und Kleinstrodungen. Mit zunehmendem Flächenbedarf für Siedlungen und Ackerbau kam es zu weiteren großräumigen Flächenrodungen. Zunehmender Holzbedarf und Schlag spezieller Nutzbäume (Nutzholzarten), verbunden mit dem gezielten, einseitigen Nutzholzanbau in den letzten Jahrhunderten, ließ aus unseren ursprünglichen Mischwäldern immer mehr Monokulturen entstehen.

Ziele und Wege

In den letzten Jahren wurde sich der Mensch auch der umfassenden Schutz- und Nutzfunktionen des Waldes in seiner natürlichen Vielfalt bewusst.

Nur eine natürliche Artenvielfalt von standortgemäßen Pflanzengesellschaften bildet die Nahrungsgrundlage für eine artenreiche Tierwelt und liefert ihr ausreichend Äsungspflanzen und Heilkräuter.

Ziele im Landbau sind nunmehr:

- **die Erhaltung der Kulturlandschaft und**
- **die Sicherung ländlicher Strukturen**
- **unter Berücksichtigung natürlicher Kreisläufe und**
- **der Erhaltung der Artenvielfalt**

Erste Anfänge wurden durch die zunehmende Einführung eines naturgemäßen Land- und Waldbaues und durch staatlich unterstützte Agrarumweltprogramme.

Kulturlandschaft (oben)
artenreiche blühende Feldraine sind selten geworden (unten)

Sporenpflanzen und Samenpflanzen

In unserer Umwelt wachsen die unterschiedlichsten Pflanzen in verschiedenen Größen, Formen und Farben. Jede dieser Pflanzen besteht aus vielen Pflanzenzellen. Die einzelne Zelle und ihr Aufbau wird für das menschliche Auge erst unter dem Mikroskop ab einer 50- bis 100fachen Vergrößerung sichtbar.

Im Pflanzensystem unterscheidet man nach der Art der Vermehrung (Fortpflanzung) in die Gruppen der:

Sporenpflanzen	**Samenpflanzen**
Sie entstehen überwiegend aus geschlechtsgetrennten **Sporen**. Zu den Sporenpflanzen zählen z. B. **Moose, Farne, Algen**.	Sie bilden in der Regel **Blüten, Früchte und Samen**. Zu den Samenpflanzen zählen unter anderem auch **alle zwiebel- und wurzelknollenbildenden Arten**.

Aufbau der Samenpflanzen

Schematischer Schnitt durch ein Blatt

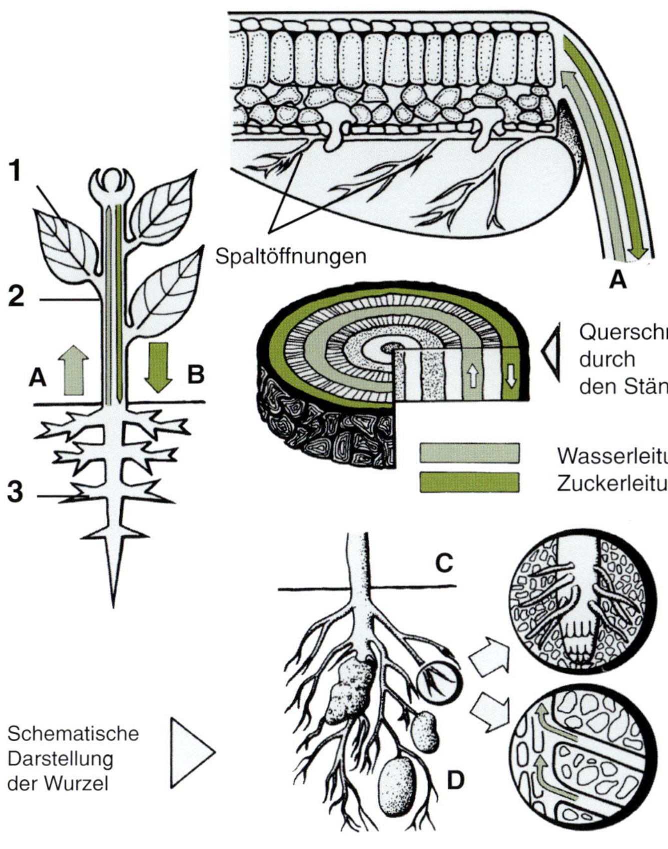

Querschnitt durch den Stängel

Wasserleitung
Zuckerleitung

Schematische Darstellung der Wurzel

Wachstumszone (C) und Wurzelhaare (D)

Samenpflanzen unterteilt man in die Hauptabschnitte
1 **Blatt**
2 **Stängel mit Blüte** (Spross = umgewandeltes Blattorgan)
3 **Wurzel**

Blatt, Stängel und Wurzel bestehen ihrerseits aus mehreren Zellschichten mit jeweils unterschiedlicher Anordnung.

Die wichtigsten Aufgaben der Blätter:

- **Abgabe von Wasser** durch Verdunstung
- **Abgabe von Sauerstoff** bei der Photosynthese
- **Bildung von Nährstoffen** bei der Assimilation
- **Abgabe von Kohlendioxid** bei der Atmung

Aufgaben der Stängel oder Stiele:

Träger von Blattwerk und Blüten sowie
A **Leitung von Wasser und Nährsalzen** von der Wurzel zum Blatt,
B **Leitung von Nährstoffen** vom Blatt zur Wurzel.

Aufgaben der Wurzeln:

- **Verankerung der Pflanze** im Boden sowie
- **Aufnahme von Wasser und Nährsalzen** aus dem Boden,
- **Speicherung von Nährstoffen**, insbesondere in den Wurzelverdickungen wie z. B. in Knollen und Zwiebeln.

Wasserhaushalt und Verdunstung

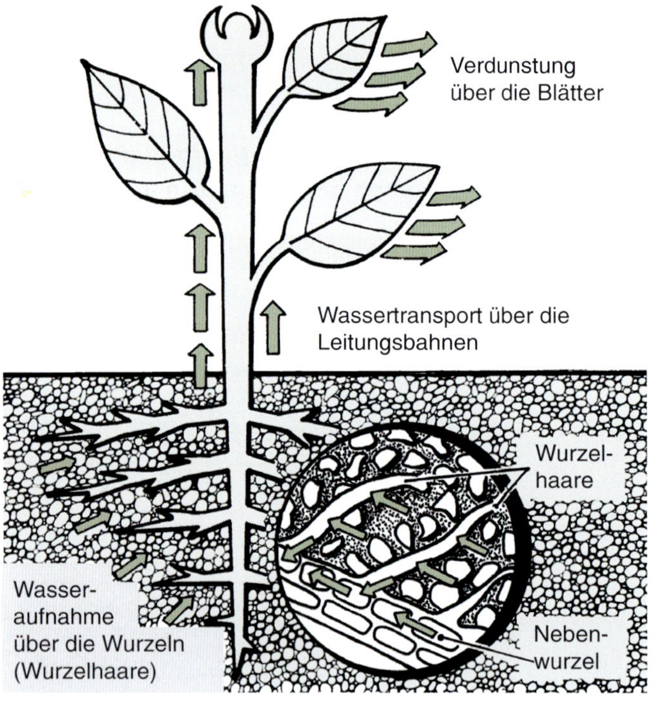

Grüne Pflanzen brauchen zum Leben

- **Wasser**,
- **Licht** und
- **Nährstoffe**.

Die Wasseraufnahme erfolgt bei Pflanzen durch die Wurzelhaare. Über Leitungsbahnen gelangt das Wasser durch den Spross (Stängel oder Stiel) durch die gesamte Pflanze bis in die Blätter.

Die Blätter haben an ihrer Unterseite feinste Spaltöffnungen (siehe Grafik auf LW 1.2). Durch diese Spaltöffnungen kann die Pflanze Wasser verdunsten.

Die Pflanze muss Wasser abgeben, damit neues Wasser mit Nährsalzen über die Wurzeln aufgesogen werden kann.

Zu starke Verdunstung (z. B. während Hitzeperioden) führt zu Trockenschäden.

Ernährung der Pflanzen

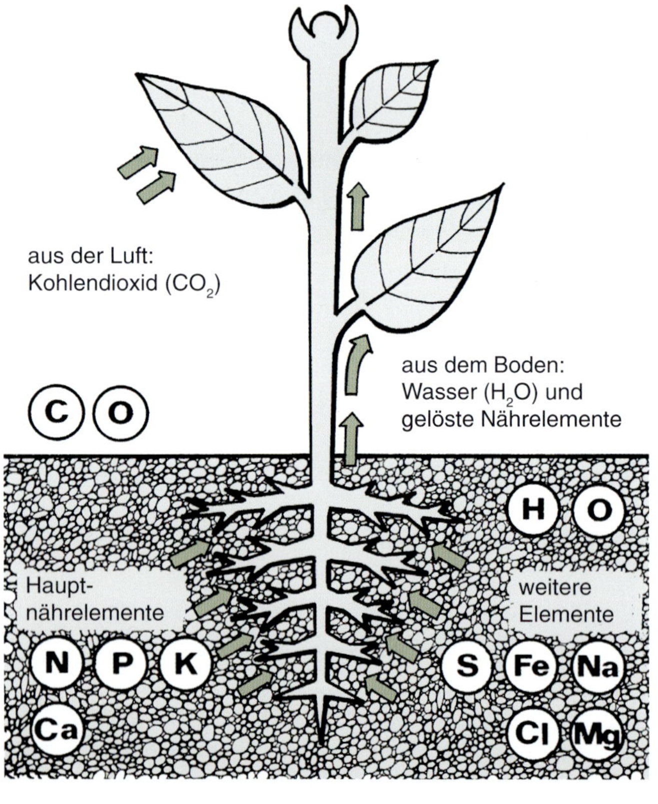

Jede Pflanze braucht für ihr Wachstum die Stoffe, aus denen sie aufgebaut ist. Hierbei handelt es sich um einige **Hauptnährelemente** sowie um weitere Elemente, sogenannte **Spurenelemente**, die nur in geringen Mengen erforderlich sind.

An Elementen werden von Pflanzen aufgenommen:

... aus der Luft:
O = **Sauerstoff**
C = **Kohlenstoff**

... aus dem Wasser:
H = **Wasserstoff**
O = **Sauerstoff**

... aus dem Boden:

Hauptnährelemente	Spurenelemente
N = **Stickstoff**	**S** = **Schwefel**
P = **Phosphor**	**Fe** = **Eisen**
K = **Kalium**	**Na** = **Natrium**
Ca = **Calzium**	**Mg** = **Magnesium**
	Cl = **Chlor**
	und weitere Elemente

Assimilation und Photosynthese

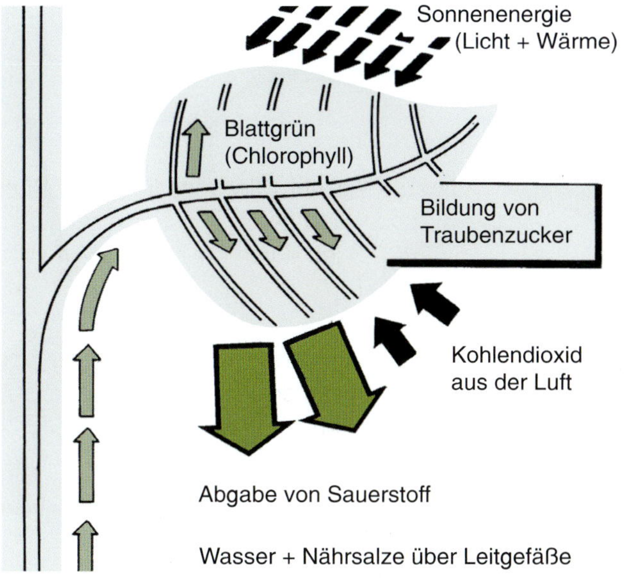

Unter dem Begriff „Assimilation" (von lat. Angleichen) versteht man die Überführung körperfremder Stoffe in körpereigene Substanzen.

Bei den grünen Pflanzen versteht man darunter den Aufbau von organischen Stoffen aus anorganischen Stoffen.

Im grünen Blatt der Pflanzen entsteht unter Einwirkung von **Licht (Sonnenlicht)** in einem komplizierten chemischen Prozess **Traubenzucker**.

Man bezeichnet diesen Vorgang als **Photosynthese**. Bei der Photosynthese wird Sauerstoff frei. Dieser wird an die Luft abgegeben.

Die Grundformel der Assimilation (vereinfachte Darstellung):

aus der Luft **Kohlendioxid**	Photosynthese unter Einwirkung von **Sonnenlicht**	**Traubenzucker** als Vorstufe von **Fett, Eiweiß, Zellulose, Stärke** frei wird **Sauerstoff**
aus dem Boden **Wasser**		
in Gegenwart von **Blattgrün**		

Atmung (Dissimilation)

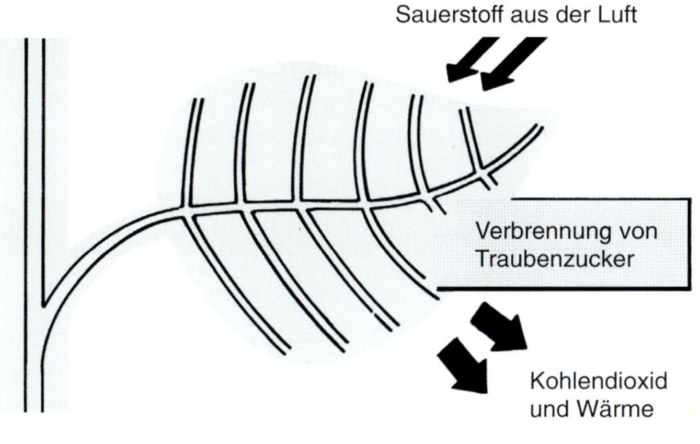

Auch die Pflanzen benötigen für ihre Lebensvorgänge (Keimung, Wachstum usw.) Energie. Diese entsteht durch die Verbrennung (Oxydation) von Nährstoffen (überwiegend Zucker).

Der zur Verbrennung notwendige Sauerstoff wird von den Pflanzen aus der Luft aufgenommen. Bei der Verbrennung werden **Kohlendioxid**, **Wärme** und **Wasser** freigesetzt.

Die Formel für die Atmung ist die Umkehrung der Assimilationsformel:

aus dem Blatt **Traubenzucker**	Verbrennung	**Kohlendioxid**, **Wasser** und **Wärme**
aus der Luft **Sauerstoff**		

Kreislauf der Stoffe

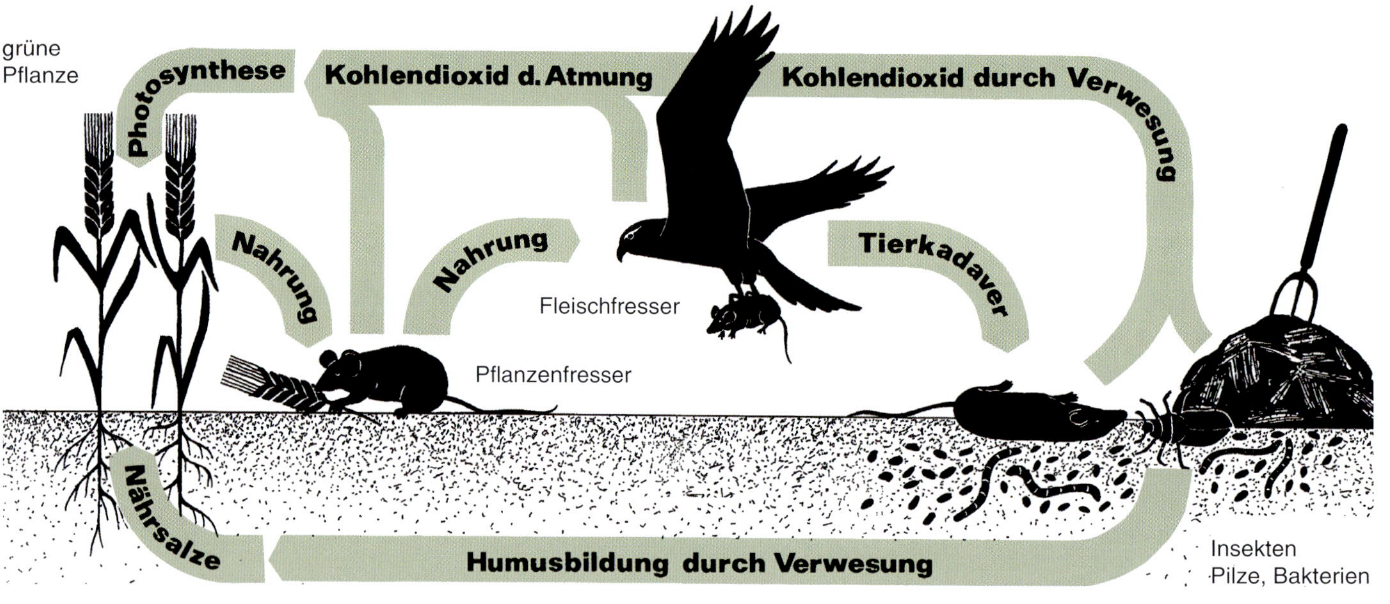

Den Vorgang von Fressen und Gefressen werden bezeichnet man allgemein auch als **Nahrungskette**.

Viele Tiere ernähren sich ausschließlich von Pflanzen (z. B. Schalenwild, Hase usw.). Man nennt sie deshalb auch **Pflanzenfresser (Primärkonsumenten)**. Viele Pflanzenfresser dienen als Nahrung für Raubtiere und den Menschen. Man spricht auch von **Fleischfressern (Sekundärkonsumenten)**.

Alle organischen Stoffe, wie verendete Tiere, abgestorbene Pflanzen usw., werden im Boden von **Bakterien** und **Pilzen** zersetzt **(Destruenten)**. Anorganische Nährstoffe werden im Boden in Form von Nährsalzen abgelagert. Man spricht auch von **Mineralisierung**.

Diese anorganischen Nährstoffe (Salze) lösen sich im Wasser. Nährstoffhaltiges Wasser wird von den Pflanzen mit Hilfe der Wurzeln (Haarwurzeln) aufgesogen. In den Blättern werden die im Wasser gelösten anorganischen Nährstoffe zum Aufbau von organischen **Nähr- und Speicherstoffen** verwendet.

Organische und anorganische Nährstoffe dienen als Nahrung für Mensch und Tier. Nur die grüne Pflanze kann anorganische Stoffe (Nährsalze) in verwertbare organische Stoffe umwandeln. Aus organischen Stoffen entstehen hierbei anorganische Nährstoffe.

Erst das grüne Blatt ermöglichte durch seine Photosynthese das Leben auf der Erde in seiner heutigen Form und Vielfalt. Pflanzen mit ihren Blättern bzw. Nadeln machen die Luft sauerstoffreich. Die grünen Pflanzen binden und speichern Energie in Form von **Zucker (Traubenzucker)**, **Stärke** und **Zellulose**. Diese Energie wird bei der Verbrennung und Verdauung wieder frei.

Kohlenstoffkreislauf

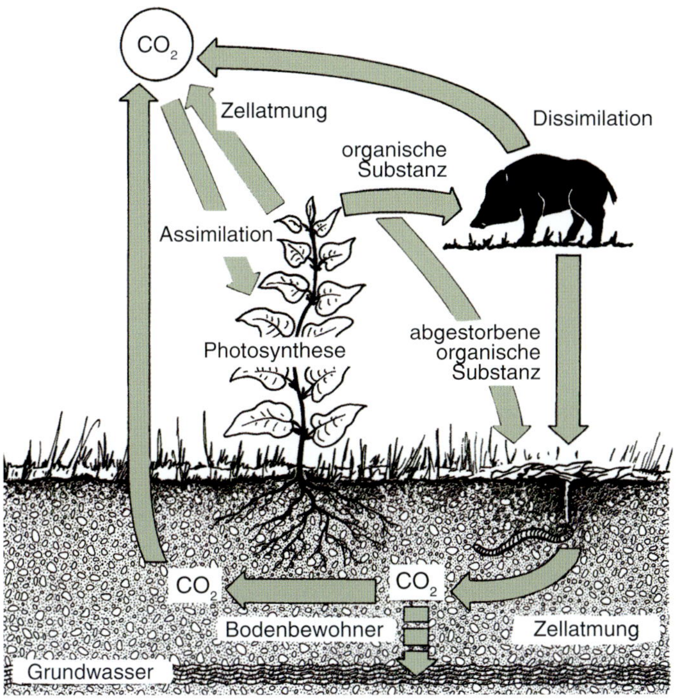

Der Kohlenstoffkreislauf ist die Umwandlung von Kohlendioxid (CO_2) in seine verschiedenen Erscheinungsformen in der Biosphäre. Alle Lebewesen benötigen Kohlenstoff, um ihre körpereigenen organischen Stoffe herzustellen. Er tritt in der Natur entweder als Kohlendioxid (CO_2), Carbonat (CO_3^{2}) oder in organischen Stoffen (= Kohlenwasserstoffe) auf. Kohlendioxid (CO_2) wird von den Pflanzen assimiliert und in organische Stoffe umgewandelt (Photosynthese). Pflanzen bauen unter Lufteinfluss (aerob) organische Stoffe ab und geben dabei neben Energie in chemisch gebundener Form auch Kohlendioxid an die Luft ab (Dissimilation). Pflanzen dienen wiederum den Tieren als Nahrung, die diese umbauen (Energiegewinn). Bei der Dissimilation entsteht ebenfalls Kohlendioxid, das ausgeatmet wird. Abgestorbenes organisches Material wird von Bodenbewohnern zersetzt, das dabei entstehende Kohlendioxid entweicht in die Atmosphäre. Wasser hat eine bemerkenswerte CO_2-Löslichkeit. Es findet auch ein ständiger Austausch zwischen der Atmosphäre und den Meeren statt. Hierbei enthält der Ozean etwa sechzig mal so viel CO_2 wie die Atmosphäre.

Stickstoffkreislauf

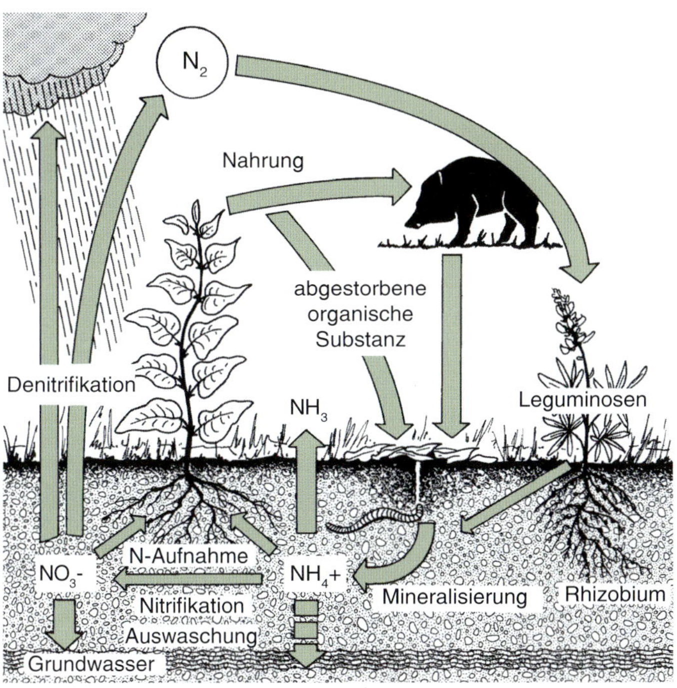

Der Stickstoffkreislauf ist die Umwandlung von Stickstoff (N_2) in seine verschiedenen Erscheinungsformen in der Biosphäre.

Unsere Luft besteht zu 78 % aus Stickstoff und ist deshalb eine Art Stickstoff-Reservoir. Alle Lebewesen benötigen Stickstoffverbindungen um z. B. lebensnotwendige Aminosäuren, Proteine, Nukleinsäuren usw. herstellen zu können.

Der Stickstoff aus der Luft kann aber nur von verschiedenen Bakterien genutzt werden, die in den Wurzelknöllchen von Leguminosen und Erlen leben. Pflanzen können Stickstoff nur in Form von Nitrat (NO_3-) oder Ammonium (NH_4+) verwerten.

Durch elektrische Entladung (Blitze) entstehen Stickoxide die über Salpetersäure als Nitrat im Boden landen. Gewisse Bakterien können aus Nitrat und Ammonium Stickstoff bilden (Denitrifikation).

NO_3^- = Nitrat
NH_4^+ : Ammonium Stickstoff
Leguminosen: können Stickstoff aus der Luft ein Boden gelangen werden in Ammonium Stickstoff

Wasserkreislauf

Wasser ist entscheidend an allen Abläufen im Boden beteiligt, trägt zur chemischen Verwitterung bei und ist zum Lösen der Nährstoffe notwendig. Eine der Voraussetzungen für die Bodenfruchtbarkeit ist der Wassergehalt bzw. der Wasserhaushalt und die damit verbundene Bodenreaktion. Der Wasserkreislauf in der Natur wird getragen von Verdunstung, Niederschlägen, Versickerung und die Wasseraufnahme durch Pflanzen und Tiere. Eine wichtige Rolle spielt hierbei der Wassertransport, der Wasseraustausch und das Grundwasser.

Bedeutung des Bodens

Zu den grundlegenden Naturgütern zählt neben Wasser und Luft insbesondere der Boden in seiner Gesamtheit als lebender Organismus. Verständnis und Schutz dieser Naturgüter ist für den Menschen und alle Lebewesen von existentieller Bedeutung. In der Land- und Forstwirtschaft ist der Boden die wichtigste Erzeugergrundlage. **Jeder Boden hat seine speziellen Pflanzengesellschaften und reagiert empfindlich auf alle Eingriffe und Schädigungen. Nur eine verantwortungsbewusste Nutzung ist die Grundlage für seine nachhaltige Fruchtbarkeit und Leistungsfähigkeit.** Allgemeine Bodenkenntnisse sind deshalb wichtige Grundlagen des Land- und Waldbaues.

Entstehung des Bodens und seine Bestandteile

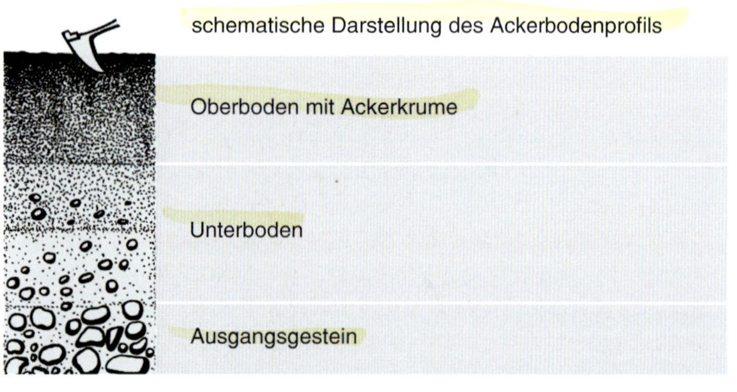

Unsere ursprünglichen Böden sind auf unterschiedliche Art entstanden, z. B. durch Gesteinsverwitterung und / oder durch pflanzliche und tierische Ablagerungen. Die wichtigsten Bodenbestandteile sind **anorganische Stoffe**, **organische Stoffe** und **Kleinstlebewesen (Mikroorganismen).** Der unterschiedliche Anteil (Gehalt) der verschiedenen Bestandteile bestimmt die jeweilige Bodenqualität und seine Eignung zur landwirtschaftlichen Nutzung. **Unter Bodenfruchtbarkeit versteht man die natürliche Fähigkeit des Bodens, Pflanzen zu ernähren.**

Schematische Darstellung des Waldbodenprofils

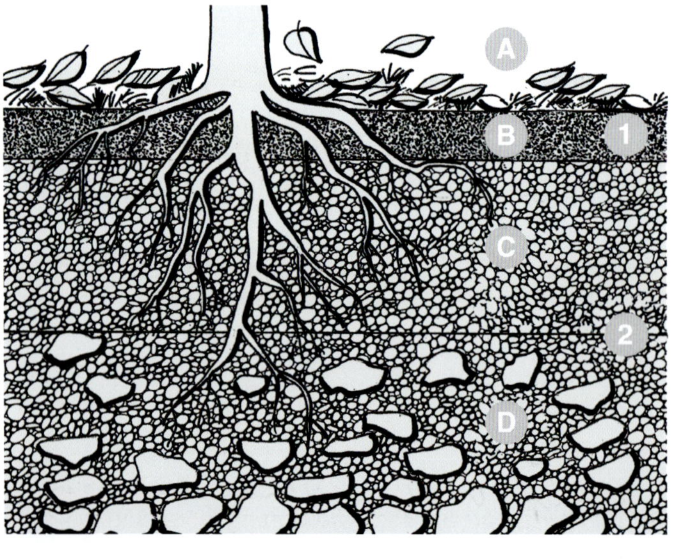

Im Vergleich zum Ackerboden finden sich im Waldboden oft noch Grundgestein und Urböden. Jedes Jahr fallen auf den Waldboden Blätter, Nadeln, Früchte sowie abgestorbene Zweige und Pflanzen. Man spricht allgemein von Waldstreu. Daraus entsteht durch Verwesung **nährstoffreicher Humus**.

Schematisch zeigt das Waldbodenprofil:

1 **Oberboden** mit der Waldstreuschicht **(A)** und Humusschicht **(B)**

2 **Unterboden**, manchmal mit einer Auswaschungszone (Bleichhorizont*) **(C)** und Mineralboden mit Gesteinsschicht **(D)**

*) Bleichhorizonte entstehen, wenn es durch die saure Wirkung der Nadelstreu (Fichte) zu Verlagerung der Ton-, Eisen- und Aluminiumanteile in den Unterboden kommt.

Bodenarten

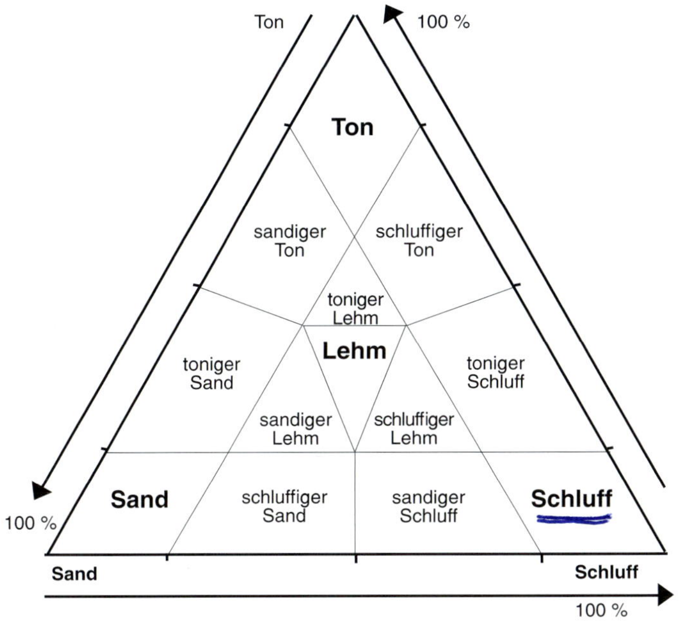

Die einzelnen Bodenarten unterscheiden sich durch eine mengenmäßig unterschiedliche Zusammensetzung von mineralischen Teilchen verschiedener Korngrößen.

Man unterscheidet folgende Hauptbodenarten:

- **Sand**
- **Schluff**
- **Ton**

Wenn ein Gemisch dieser Hauptbodenarten alle drei Faktoren in nennenswerten Anteilen enthält, bezeichnet man dies als

- **Lehm**.

Außerdem gibt es jede denkbare Mischung dieser drei Komponenten, deren Bezeichnungen aus der nebenstehenden vereinfachten Grafik ersichtlich sind.

Merkmale und Beurteilung der Hauptbodenarten

Merkmale:	**Sandboden:**	**Lehmboden:**	**Tonboden:**
Eigenschaften	trocken, leicht erwärmbar, gut durchlüftet, jedoch in der Regel nährstoffarm	trocken, langsam erwärmbar, Gemisch aus Sand-, Schluff- und Tonböden, gute Eigenschaften, an der Spitze stehen Lösslehme	feucht bis nass, schwer erwärmbar, schlecht durchlüftet, nährstoffreich, kaum wasserdurchlässig
Korngröße	bis 2 mm	abhängig vom Ton-/Sandanteil	unter 2 / 1.000 mm
Wasserhaushalt	schlecht	gut haltend	gut, frisch - nass
Reaktion (pH-Wert)	meist sauer	neutral bis leicht sauer	alkalisch bis neutral
Qualität	leicht	mittel	schwer
Gründigkeit (Tiefe)	meist flachgründig	in der Regel tiefgründig	in der Regel flachgründig
geeignete und bevorzugte Pflanzen (Beispiele)	Lupine Seradella Hafer Roggen Kartoffel Zwischenfrüchte	Kleearten Gerste Weizen Rüben Kohl Hafer Hülsenfrüchte	Kleearten Hafer Weizen Hülsenfrüchte Grünland

Bodenwertzahl: Die Bodenwertzahl ist ein Vergleichswert in der Landwirtschaft zur Bodenbewertung in Verbindung mit der Ertragsfähigkeit. Die Skala reicht von 0 - 100.

Luft und Wasser

Qualität und Ablauf der biologischen Umsetzungen im Boden hängen von seiner **Durchlüftung**, **Feuchtigkeit** und **Wärme** ab. Wichtig ist ein ausreichender Gasaustausch mit genügend Sauerstoffzufuhr. Grundvoraussetzung hierfür ist eine entsprechende Lockerheit (Durchlässigkeit).

Entscheidend beteiligt an allen Abläufen im Boden ist auch das Wasser. Wasser trägt zur chemischen Verwitterung bei und ist zum Lösen der Nährstoffe notwendig.

Übermäßige Feuchtigkeit führt zur Auswaschung der Nährstoffe und zu Bodenveränderungen. Je nach Bodenart dringt Oberflächenwasser ein und versickert. Ein Teil des Sickerwassers bleibt in den oberen Schichten als Haftwasser erhalten. Von Pflanzen nicht mehr erreichbares Wasser ist sogenanntes **Totwasser (Tiefenwasser)**. Trifft das Sickerwasser auf wasserundurchlässige Bodenschichten, entsteht oft **Stauwasser**. Zu viel Stauwasser führt zu steigendem Grundwasserspiegel und meist zur einer sauren Bodenreaktion. Zur Bodennutzung sind dann in der Regel verschiedene Verbesserungseingriffe (Meliorationen) in Form von **Tieflockerungen** und **Drainagen** unumgänglich.

Bodenreaktion und pH-Wert

Eine der Voraussetzungen für die Bodenfruchtbarkeit ist der Wasserhaushalt bzw. Wassergehalt und die damit verbundene Bodenreaktion. Diese chemische Reaktion wird gemessen und als pH-Wert bezeichnet. Boden-Wasser-Lösungen können chemisch unterschiedlich reagieren. Man unterscheidet zwischen **sauer**, **neutral** und **alkalisch**.

Für den pH-Wert stehen Zahlen. Es bedeuten:

0	7	14
(sauer)	(neutral)	(alkalisch)

Der pH-Wert ist die Messzahl der Wasserstoff-Ionenkonzentration in einer Lösung. **Der pH-Wert beeinflusst maßgebend die allgemeinen Lebensbedingungen.**

Wild- und Kulturpflanzen haben unterschiedliche Bodenansprüche und zeigen nur bei Vorliegen bestimmter pH-Werte einen optimalen Wuchs. Deshalb ist die Kenntnis des jeweiligen pH-Wertes von hoher Bedeutung. Dies gilt z. B. auch bei der Anlage von **Wildäckern**, **Wildwiesen**, **Aufforstungen** usw.

Stark saure bzw. stark alkalische Reaktionen bieten allgemein schlechte Lebensbedingungen. Die besten Lebensbedingungen liegen bei pH-Werten zwischen 5 - 7.

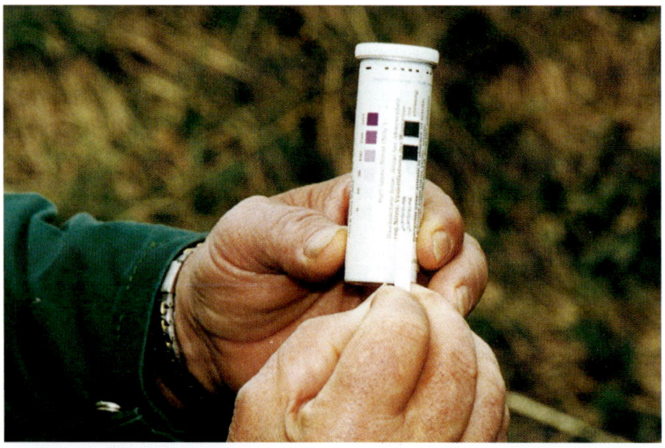

Eine erste Eigenmessung des pH-Wertes kann nach Auflösung des Bodens in neutralem (destilliertem) Wasser mit Hilfe eines handelsüblichen pH-Meters erfolgen (Verfärben eines Teststreifens und Vergleich mit entsprechenden Farbscalen).

Zur genauen Bestimmung des pH-Wertes eines Bodens empfiehlt sich die Einsendung von entsprechenden Bodenproben an eine landwirtschaftliche Untersuchungsanstalt. Der pH-Wert kann durch gezielte Bodenbearbeitung und Düngung mit Kalk beeinflusst werden.

Messen des pH-Wertes

Zusammensetzung fruchtbarer Böden - Humus

Fruchtbare Böden bestehen aus vielen mineralischen und organischen Bestandteilen (Humus). Sie bilden zusammen die sogenannte Feinerde (Korngröße kleiner als 2 mm). Ein zu hoher Anteil von Ton führt zu einer Bodenverdichtung, der Gehalt (Aufnahmebereitschaft) an Luft und Wasser nimmt ab und die Bodenbearbeitung wird schwerer.

Lockere, humushaltige Böden sind dagegen gut belüftet und bieten einen geeigneten Lebensraum für Kleinstlebewesen und Mikropilze.

Aus dem Zustand des Bodens und seiner jeweiligen Zusammensetzung (Sand-/Tonanteil) resultiert die Einteilung in ...
- **leichte Böden mit hohem Sandanteil,**
- **mittelschwere Böden mit ausgewogenem Sand- / Tonanteil,**
- **schwere Böden mit hohem Tonanteil.**

Pflanzenreste wie z. B. Halme, Blätter, Stängel (Waldstreu) und Pilze bilden die Grundlage zur Humusbildung. Eine erste mechanische Zerkleinerung erfolgt durch die Kleinlebewesen des Bodens wie z. B. Käfer, Würmer, Milben usw. Tiefer liegende Pflanzenreste sind zerfressen, durchlöchert und skelettiert (siehe Foto). Eine weitere Umwandlung erfolgt durch Bakterien und Mikropilze. Durch die Mineralisierung im Boden werden die Nährstoffe zu Nährsalzen umgewandelt. Böden mit einem hohen Humusanteil sind gut durchlüftet.

Von besonderer Bedeutung für die Durchmischung und Lockerung des Bodens sind die Regenwürmer. Mit ihren Grabröhren sorgen sie für guten Luftaustausch und optimale Sickerwasserführung.

Lössböden und Kalkböden

Lössböden sind aus fein zermahlenem, eiszeitlichen Moränenschutt entstanden, der vom Wind verfrachtet wurde. Lössböden sind feinporig, humushaltig und können viel Feuchtigkeit speichern. Die Bodenreaktion ist neutral. Lössböden sind beste Böden (Bodenwertzahl 91 - 100).

Kalkböden entstehen aus der Verwitterung von kalkhaltigem Gestein, das aus Meeresablagerungen entstanden ist. Sie enthalten über 20 % Kalk und sind trocken und warm, können aber das Wasser nur schlecht speichern. Ein leichtes Erkennungsmerkmal ist das Vorkommen vieler Gehäuseschnecken. Die Bodenreaktion von Kalkböden ist neutral bis alkalisch.

Weiserpflanzen

Am Vorkommen bestimmter Wildpflanzen können Rückschlüsse auf den Nährstoff-, Kalk- und Wassergehalt des Bodens gemacht werden. Nachfolgend einige Beispiele:

Kleiner (Sauer-)Ampfer	=	saurer Boden
Brennnessel	=	gute Stickstoffversorgung
Heidekraut	=	trocken, sauer, nährstoffarm
Sumpfdotterblume	=	feucht
Ackerrittersporn	=	kalkhaltig

Beispiele einiger Weiserpflanzen

Sauerampfer

Brennnessel

Heide

Sumpfdotterblume

Merkmale wichtiger Bodentypen und Erden

Bezeichnung:	Bodenmerkmale:
Schwarzerde	sehr humusreich (mehr als 10 %), beste Böden, neutral - alkalisch, hohe Wasserspeicherfähigkeit
Braunerde	humushaltige (- 5 %), nicht oder kaum ausgewaschene, lehmige Sande mit guter Fruchtbarkeit und guter Wasserhaltung
Parabraunerde (Löss-Lehme)	durch Windverfrachtung auf mitwachsenden Pflanzendecken entstandene sehr fruchtbare Böden mit 5 - 10 % Humus, neutral - alkalisch, mittlere Wasserhaltung
Parabraunerde (Flott-Lehme)	durch Wasserverfrachtung aus Lösslehmen entstandene humusarme, meist schwach saure Böden mit geringer Durchlüftung (norddeutsches Tiefland)
Ranker	relativ ertragsarmer Boden mit geringer Tiefe, meist auf Steingrund, überwiegend im Mittel- und Hochgebirge zu finden
Rendzina	humusreicher, krümeliger Boden, gute Wasserspeicherfähigkeit, meist nur flachgründig, auf Kalkstein
Podsolboden	stark ausgewaschene, mäßig humushaltige (weniger als 3 %), schwach saure Böden, vor allem unter Fichten-Monokulturen
Gleyboden	staunasse Böden mit wasserabflussgehemmter Unterschicht (Verdichtungshorizont), meist aus lehmig-tonigem Subtrat, schwach- bis mittelsauer
Humusböden (Marsch- und Moorböden)	Marschböden entstanden durch Humusablagerungen in Poldern (Eindeichung), sind neutral bis schwach sauer, Moorböden auf Niedermooren sind fruchtbare, humusreiche Böden, meist feucht bis nass, neutral, Moorböden auf Hochmooren sind nass, extrem sauer und nur nach Meliorationen (Bodenverbesserungsmaßnahmen) fruchtbar

Waldboden - Bedeutung

Wie im Landbau unterscheiden wir auch im Wald unterschiedliche Bodenarten. Die Beurteilung des Waldbodens erfolgt nach physikalischen Eigenschaften, chemischen Eigenschaften und biologischen Eigenschaften. Wie alle Pflanzen benötigen auch die Bäume zu ihrer optimalen Entwicklung spezielle Bodenqualitäten und artgerecht unterschiedliche pH-Werte. Auch stellen die einzelnen Baumarten spezielle Ansprüche an die Bodentiefe (Gründigkeit, Wurzeltiefe).

Eigenschaften:	Hierzu zählen:
physikalische Eigenschaften	• Festigkeit, Lockerheit, Luftdurchlässigkeit, Licht, Wärme • Wasserhaushalt und Wassergehalt (Speichereigenschaften) • Gründigkeit
chemische Eigenschaften	• Nährstoff- und Nährsalzgehalt (Mineralien) • Bodenreaktion (pH-Wert: sauer - neutral - alkalisch)
biologische Eigenschaften	• belebter oder unbelebter Humus (Aktivität) • Bodenleben Günstige Humusformen sind belebt durch Klein- und Kleinstlebewesen (Würmer, Milben usw.), ungünstige Humusformen sind untätig (unbelebt), bedingt durch mangelnde Tätigkeit von Bakterien und Mikropilzen. Ursachen sind z. B. • Lichtmangel in Fichten-Monokulturen oder • Übersäuerung des Bodens durch Schadstoffe (Saurer Regen).

Fragen zur Wiederholung

Die Fragen zur Wiederholung sind angelehnt an die Fragestellung der mündlichen Prüfung, in welcher oft übergeordnete Zusammenhänge abgefragt werden. Die Lösungen finden Sie in den voranstehenden Kapiteln 1 bis 2.

Wodurch kam es in der Vergangenheit auf land- und forstwirtschaftlich genutzten Flächen zu einem Artenrückgang?

Erklären Sie den Aufbau einer Pflanze und die Funktionen der einzelnen Teile.

Erläutern Sie den Kreislauf der Stoffe.

Wie ist der Waldboden aufgebaut?

Nennen Sie die charakteristischen Merkmale der Hauptbodenarten Sand, Ton und Lehm.

Landwirtschaftliche Entwicklung

In den Bundesländern ist bisher ein leichter Rückgang der landwirtschaftlichen Betriebe zu verzeichnen. Die Folgen des Höfesterbens für die Jagd sind z. B.

durch größere Betriebsstrukturen:

- Verschwinden von Feldrainen durch das „Zusammenlegen" von Feldern, d. h. Wegfall von Grenzlinien und Altgrasflächen
- Großflächen anstatt kleinparzellierter Bewirtschaftung

durch den Einsatz schnellerer Maschinen:

- Beschleunigung und damit noch Verstärkung des Ernteschockes

Verteilung der Nutzfläche

Aufteilung der Nutzfläche

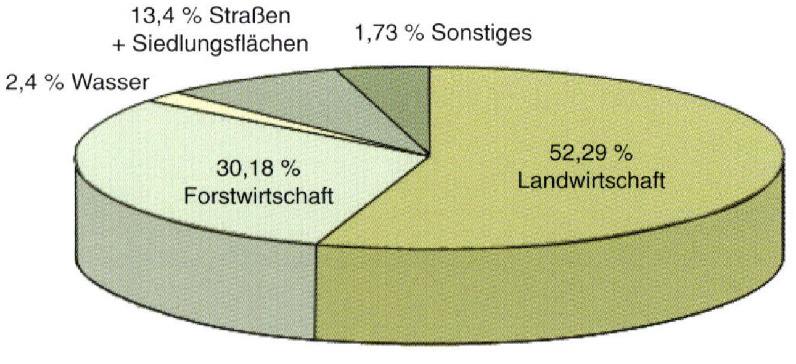

Anteile der Hauptbaumarten

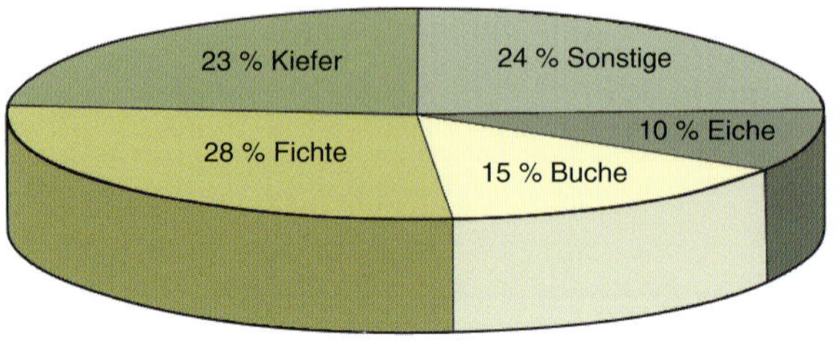

Von der Nutzfläche in Deutschland entfallen z. B. auf die:

- Landwirtschaft 52,29 %
- Forstwirtschaft 30,18 %
- Wasser 2,4 %
- Straßen und Siedlungsflächen 13,4 %
- Sonstiges 1,73 %

(Quelle: Statistisches Bundesamt 2011)

An der forstwirtschaftlich genutzten Fläche sind die Hauptbaumarten wie folgt beteiligt:

- Kiefer 23 %
- Fichte 28 %
- Buche 15 %
- Eiche 10 %
- Sonstige 24 %

(Quelle: Statistisches Bundesamt 2011; Bundeswaldinventur 2002)

Betriebsstrukturen

Landwirtschaftliche Betriebe nach Betriebsstrukturen
(Quelle Agrarbericht 2012)

	Anzahl der Betriebe
Haupterwerb *)	161.500 (54 %)
Nebenerwerb	137.600 (46 %)
Gesamtsumme	299.100 (100 %)

*) inkl. Einzelunternehmen, Personengesellschaften, juristische Personen

Die veränderte Struktur der landwirtschaftlichen Betriebe zeigt sich deutlich am Beispiel Bayern. Zahl und durchschnittliche Betriebsgröße der landwirtschaftlichen Betriebe im Vergleich.

Jahr	Zahl der Betriebe (ab 2 ha LF)	Größe
bis 1990	198.765	16,9 ha
bis 2001	140.425	------
bis 2003	130.611	25,0 ha

1 ha =	10.000 qm (m^2)
1 Morgen =	2.500 qm (m^2)
1 ar =	100 qm (m^2)

Aufgaben des Landbaues

Der Landbau hat drei Hauptaufgaben zu erfüllen:

1. **Erzeugung von Pflanzen**
   zur unterschiedlichen Verwertung wie z. B. zur
   - menschlichen Ernährung
   - tierischen Verwertung
   - Verwendung als nachwachsender Rohstoff
   - Bodenverbesserung (Gründüngung)
2. **Bewirtschaftung des Bodens**
   zur Pflege und Erhaltung der Kultur- und Erholungslandschaften
3. **direkte oder indirekte Lebensgrundlage**
   für etwa 4,2 Mio. Menschen in Deutschland.

Kulturpflanzen

Der Mensch hat im Laufe seiner Entwicklungsgeschichte gelernt, bestimmte Pflanzen wegen ihrer besonderen Speicherstoffe anzubauen und auch züchterisch weiterzuentwickeln, um die Ertragskraft zu steigern. Man bezeichnet solche Pflanzen als **Kulturpflanzen**.

Formen der Bodennutzung

Nach Art und Form der Bodennutzung unterscheidet man zwischen **Ackerbau** und **Grünlandbewirtschaftung**.
Ackerbau findet man in Form von:

- Getreideanbau (z. B. Roggen, Weizen, Gerste, Körnermais)
- Hackfruchtanbau (z. B. Kartoffel, Zucker-, Futterrüben)
- Öl- und Hülsenfruchtanbau (z. B. Raps, Erbsen)
- Anbau nachwachsender Rohstoffe (z. B. Chinaschilf (Miscanthus) oder Kurzumtriebsplantagen mit Weiden oder Pappeln)

Grünlandbewirtschaftung dient zur Nutzung flächiger Grasnarben als Wiese oder Weide (Almen).

Landwirtschaftliche Nutzpflanzen - Nutzung als Ackerland

Die im Ackerbau verwendeten Kulturpflanzen und die bei der Grünlandbewirtschaftung bedeutsamen Pflanzenarten bezeichnet man mit dem Sammelbegriff „landwirtschaftliche Nutzpflanzen". Auch bei Maßnahmen zur Verbesserung der Äsungs- und Deckungsverhältnisse für das Wild kommen landwirtschaftliche Nutzpflanzen zum Einsatz (z. B. bei der Anlage von Wildwiesen, Wildäckern usw.). Deshalb gehören Grundkenntnisse über den Anbau und die Bedeutung der wichtigsten landwirtschaftlichen Nutzpflanzen zum Rüstzeug eines jeden Jägers. Im Landbau, insbesondere beim Ackerbau, diente früher zur Bodenregeneration das System der **Dreifelderwirtschaft**. Hierunter verstand man eine **kleinflächige Wechselnutzung**. Mit der Intensivierung der landwirtschaftlichen Nutzung kam es nicht zuletzt bedingt durch die Verwendung von **Pflanzenschutz- und Düngemitteln** in Verbindung mit vermehrten **Maschineneinsatz** zu **großflächigen Anbauformen**. Das Ackerland hat von der gesamten landwirtschaftlichen Nutzfläche den größten Anteil.

Der Boden ist das wichtigste Grundgut unserer Landwirtschaft. Deshalb hat der Bodenschutz in der Agrarwirtschaft einen besonders hohen Stellenwert.

Bodenbearbeitung

Basis für eine hohe Qualität unserer Nahrungsmittel und zur Sicherung der Ernährung ist nur der gesunde, fruchtbare Boden. Beim heutigen Landbau sind besonders ständig neue Erkenntnisse der Bodenbearbeitung und Düngung, des Pflanzenschutzes und der Pflanzenzüchtung zu beachten. Dabei sind Bodenschäden zu verhindern und weitere Belastungen der Gewässer zu vermeiden. **Voraussetzung bei der Bodennutzung als Ackerland ist eine jährlich wiederkehrende Bodenbearbeitung.**

Ziel einer jeden Bodenbearbeitung ist die **positive Beeinflussung des Bodenzustandes** für das Pflanzenwachstum. Beeinflusst werden **Bodenlockerheit**, **Luftdurchlässigkeit (Belüftung)**, **Wasser- und Wärmehaushalt**. Weitere Maßnahmen sind z. B. das **Einarbeiten von Dünger** (wirtschaftseigene oder Handelsdünger) und von **Ernterückständen**.

Bei der Bodenbearbeitung unterscheidet man in **Tiefenbearbeitung**, **Flachbearbeitung** und **Oberflächenbearbeitung**. Gut vorbereitete Böden bezeichnet man als „gare Böden". Man spricht auch von der **Bodengare**.

Tief- und Flachbearbeitung des Bodens

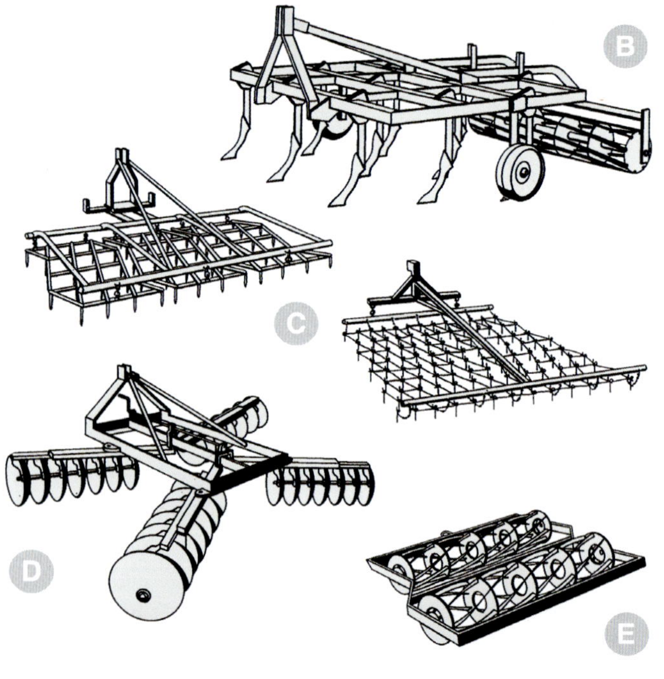

Klassische Geräte zur Bodenbearbeitung sind **Pflug** und **Egge**. Als Pflüge verwendet man heute vor allem **Drehpflüge (A).**

Sie finden Verwendung bei der
- Tiefbearbeitung des Bodens und zum
- Anlegen der Winterfurche und der Saatfurche.

Bei der Winterfurche erfolgt zur besseren Frosteinwirkung die Aufbereitung in grobscholligen Furchen. Bei der Saatfurche wird der Boden gewendet und durchmischt. Eine Teilbearbeitung des Bodens erfolgt bei der Flachbearbeitung.

Geräte zur Teil- oder Flachbearbeitung sind

B **Grubber**
C **Eggen**
D **Scheibeneggen**
Diese Geräte sind mit verschiedenen Zinken ausgerüstet, z. B. als Anbaugrubber mit
E **Nachlauf-Krümler** und leichter oder schwerer Egge. Ferner werden **Fräsen** verwendet.

Aufgabe der Geräte ist das Aufreißen von verdichteten Böden (z. B. schon bearbeitete und wieder verdichtete Böden oder stark durchwurzelte Böden oder Stoppeln und Fahrspuren) sowie die Vorbereitung des Saatbeetes.

Foto: Einsatz des Grubbers

Oberflächenbearbeitung des Bodens

Saatbeetkombination - Direktsaatmaschine

Walzen zur Rückverfestigung des Saatbetts

Neben Eggen und Schleppen verwendet man insbesondere zur Oberflächenbearbeitung des Bodens verschiedene Konstruktionen von **Walzen**. Schleppen (man spricht vom Abschleppen der Wiesen) dienen der Pflege von Wiesen und Weiden im Frühjahr (z. B. zum Einebnen von Maulwurfshügeln). In der modernen Landwirtschaft verwendet man heute zur Bodenbearbeitung leistungsstarke Zugmaschinen und kombinierte Geräte. Neue Gerätekombinationen ermöglichen es mehrere Bearbeitungsschritte, angefangen von der Saatbeetvorbereitung bis zum Einbringen des Saatgutes in einem Arbeitsgang, durchzuführen. Bei solchen Gerätekombinationen spricht man von **Direktsaatmaschinen, Säkombinationen** und **Saatbeetkombinationen**.

Ausbringen der Saat

Ursprünglich wurde die Saat von Hand ausgebracht. Von wenigen Ausnahmen abgesehen setzt man heute verschiedene Sämaschinen ein. Bedingt durch je nach Pflanzenart unterschiedliche Wachstumsabstände und zwischenzeitlich (während des Wachstums) notwendige Bearbeitungsmaßnahmen (z. B. Bodenauflockerung, Zwischendüngung, Jäten usw.) unterscheidet man verschiedene Säverfahren:

Scheibenegge zur Stoppelbearbeitung

Mulchsaat (Direktsaat) von Mais auf einer Fläche, die im Vorjahr mit Senf (Zwischenfrucht) eingesät war.

- **flächige Breitsaat**,
  z. B. bei Futterbau, Grünland
- **Drillsaat**
  mit genauen Reihenabständen, z. B. bei Getreide und mit exaktem Kornabstand in der Reihe (Einzelkornsämaschinen), z. B. bei Rübenanbau, Mais
- **Fräßsaat**
  beim Einsatz von Saatbeetkombinationen; keine Bearbeitung des Bodens vor der Aussaat durch Grubber, Egge oder Pflug; stehender Bestand mit z. B. Zwischenfrucht wird streifenweise gefräst und danach direkt eingesät; Saatbeetkombinationen sowohl bei Drill-, Fräß- und Mulchsaat möglich = Kombination von Bodenbearbeitung und Aussaat in einem Arbeitsschritt
- **Mulchsaat**
  Leistet einen wichtigen Beitrag zum Gewässer- und Bodenschutz durch Verringerung der Erosion. Der Boden wird dabei nur oberflächig bearbeitet. Abgestorbene Pflanzenreste werden nur zerkleinert und nicht untergepflügt (z. B. üblich nach Senf als Zwischenfrucht und Mais als nachfolgende Hauptfrucht). Pflanzenreste bedecken die Oberfläche und schützen vor Erosion.

Grundlagen der Düngung

Jede Pflanze braucht zum Leben Luft, Licht, Wasser und die Elemente, aus denen sie aufgebaut ist. Diese Elemente sind überwiegend im Boden enthalten.

Die lebende Pflanze entzieht dem Boden ständig über ihre Wurzeln die in Wasser gelösten anorganischen **Nährsalze.**

Durch die Verwesung abgestorbener Pflanzen gelangen die Nährstoffe wieder **in den Boden.**

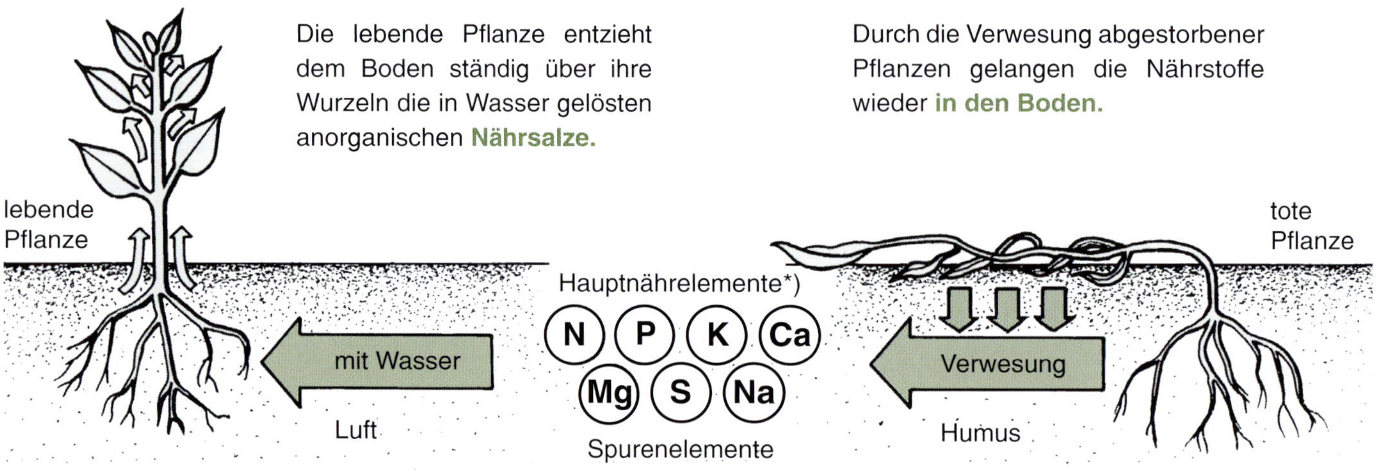

Lebende Pflanzen entziehen dem Boden ständig Nährelemente in Form von Nährsalzen. Im natürlichen Kreislauf der Stoffe wird dieser Verlust wieder durch absterbende Pflanzen, z. B. bei der Humusbildung durch Verwesung, ausgeglichen. Unterbrochen wird der Kreislauf, wenn der Mensch erntet.

*) Erklärung der Abkürzungen in der Grafik:

N	=	Stickstoff	Mg	=	Magnesium
P	=	Phosphor	S	=	Schwefel
K	=	Kalium	Na	=	Natrium
Ca	=	Calzium			

Jede Pflanze hat spezielle Nährstoffbedürfnisse.

Beispiele für Nährstoffverluste im Boden:

- 4.000 kg Getreide entziehen einem ha Boden ca.
  100 kg Stickstoff
  50 kg Phosphat
  130 kg Kali
- 40.000 kg Zuckerrüben entziehen einem ha Boden ca.
  200 kg Stickstoff
  100 kg Phosphat
  240 kg Kali

- Durch ständiges Ernten verarmt der Boden an Nährelementen.
- Durch fehlende Pflanzenreste kommt es zur mangelhaften Humusbildung.
- Der unbelebte, humusarme Boden führt zu weiteren Nährstoffverlusten und der Boden wird unfruchtbar.
- Der Mensch muss den Boden durch entsprechende Düngung wieder fruchtbar machen.

Düngemittel - Allgemeines

Bei den Düngemitteln unterscheidet man:

wirtschaftseigene Dünger	**Handelsdünger**
Hierbei handelt es sich um **organische Bodennährstoffe**. Diese bodenverbessernden Dünger bewirken die **Humusbildung**.	Hierbei handelt es sich um spezielle **Mineraldünger**. Diese Düngemittel ersetzen im Boden die **fehlenden Nährsalze**.

Wirtschaftseigene Dünger

Zu den sogenannten wirtschaftseigenen Düngern (als Pflanzennährstoff ist hauptsächlich Stickstoff enthalten) zählen **Kompost**, **Jauche**, **Gülle** und **Mist**.

Natürliche, organische Dünger sorgen für eine Belebung des Bodens und erhalten seine Ertragskraft. Zu den organischen Düngemitteln gehören neben Stallmist auch **Gründüngungspflanzen** aus dem Zwischenfruchtanbau. Hierfür werden z. B. nach der Getreideernte geeignete Pflanzen angebaut (z. B. Rübsen, Kleearten, Raps usw.) und vollständig bzw. teilweise im Boden eingearbeitet. Natürliche Dünger setzt man vermehrt beim alternativen Landbau ein.

Handelsdünger

Mit Handelsdüngemitteln kann man den Boden gezielt (nach Bedarf) mit den jeweils nötigen Mineralien (Elementen) versorgen.

Bei den Handelsdüngern unterscheidet man z. B.:
- **Stickstoffdünger (z. B. Kalkamnonsalpeter, Kalkstickstoff, Harnstoff)**
- **Phosphatdünger (z. B. Thomasmehl, Thomasphosphat)**
- **Kaliumdünger (z. B. Patentkali, Magnesia kainit)**
- **Kalkdünger (z. B. Brandkalk, kohlensaurer Kalk)**

Heute verwendet man überwiegend verschiedene
- **Magnesiumdünger (z. B. Magnesia kainit, Thomaskali)**
- **Kombinationsdünger (z. B. NPK - enthält Stickstoff, Phosphor, Kali)**

Der gesunde Boden

In einer Handvoll guter Humuserde leben mehr Organismen als Menschen auf der Erde. **Nur wenn das Ökosystem Boden gedeiht und ausreichend Humus vorhanden ist, dann werden auch genügend Nährstoffe produziert.**

Der Turm aus bestem Humus wurde von einem Regenwurm erzeugt. Die Ausscheidungen der Regenwürmer sind wahrscheinlich der wichtigste Beitrag zur natürlichen Bodenregeneration.

Regenwurm

Fragen zur Wiederholung

Die Fragen zur Wiederholung sind angelehnt an die Fragestellung der mündlichen Prüfung, in welcher oft übergeordnete Zusammenhänge abgefragt werden. Die Lösungen finden Sie in den voranstehenden Kapiteln 3 bis 4.

Wie hoch ist der Prozentanteil forstwirtschaftlich genutzter Flächen bezogen auf die Gesamtfläche der Bundesrepublik?

Welche Aufgaben hat der Landbau?

Erläutern Sie verschiedene Möglichkeiten der Bodenbearbeitung in der Landwirtschaft.

Welche Düngerarten werden in der Landwirtschaft eingesetzt?

Um welches Gerät zur Bodenbearbeitung handelt es sich auf dem Foto?

Den kostenlosen Heintges-Thementest
„Grundlagen des Land- und Waldbaues“
finden Sie im Internet unter www.jagdtrainer.de

Getreideanbau

Getreide zählt zu den Grundnahrungsmitteln der menschlichen Ernährung (z. B. Weizen und Roggen) und findet auch anderweitig Verwendung (z. B. als Braugerste). Als Viehfutter werden z. B. Hafer, Gerste, Mais angebaut. Die Getreidearten werden auch als **Halmfrüchte** bezeichnet.

Wird das Getreide oft nach zu reichlicher Düngung durch Wind und Regen umgedrückt, spricht man von **Lagerfrucht.**

Beim Getreideanbau unterscheidet man nach dem Zeitpunkt der Aussaat zwischen

Sommergetreide, d. h.
Aussaat im Frühjahr, z. B. bei

- Hafer
- Sommergerste
- Sommerweizen
- Sommerroggen

Wintergetreide, d. h.
Aussaat im Herbst, z. B. bei

- Wintergerste
- Winterweizen
- Winterroggen
- Dinkel und Triticale

  Zum Wintergetreide zählt auch der hauptsächlich auf Wildäsungsflächen verwendete
- Waldstaudenroggen

Bereits am Saatgut lassen sich unterscheiden:

1 **Weizen**
2 **Gerste**
3 **Hafer**
4 **Roggen**
5 **Mais**

Eine einfache Weizenart für raue Lagen ist der

6 **Dinkel**

Beim Dinkel (Foto links) handelt es sich um die Urform des Weizens. Der Anbau erfolgt hauptsächlich durch alternativ wirtschaftende landwirtschaftliche Betriebe (z. B. Verwendung für Backwaren etc.).

Neben den Hauptgetreidearten gibt es diverse **Kreuzungen** und **Hybriden**.

Beispiel: Triticale (Triticum secale) (Foto rechts)
Bei der Triticale handelt es sich um eine Kreuzung aus Weizen und Roggen, die hauptsächlich zu Futterzwecken angebaut wird.

Die wichtigsten Getreidearten

Hafer (Avena sativa L.)

Merkmale:
keine Ähre, sondern Rispe;
tiefgreifendes, stark entwickeltes Wurzelwerk
Anbau:
meist als Sommerform (Winterform sehr selten),
auch für Futtermischungen geeignet
Aussaat:
März - April; hat von allen Getreidearten größtes Feuchtigkeitsbedürfnis
Äsungszeit:
ab Milchreife
Bedeutung:
wichtige Wildackerpflanze,
geringe Bodenansprüche,
geeignet für Neuanlagen

Weizen (Triticum aestivum L.)

Merkmale:
dicke Ähre, keine oder nur kurze Grannen;
Körner kurz, bauchig, kupferfarben
Anbau:
als Winterform (Winterweizen = WW) oder
Sommerform (Sommerweizen = SW)
Aussaat:
am besten nach Hackfrüchten bzw. Blattfrüchten;
als WW Aussaat im Oktober - November,
als SW Aussaat im März - April
Äsungszeit:
ab Milchreife, besonders bei Rotwild und Schwarzwild
Bedeutung:
als Wildackerpflanze geringe Bedeutung wegen hoher Standortansprüche;
SW als Bestandteil von Wildäckern für Rebhuhn und Fasan, im Schwarzwildrevier als Ablenkfutter;
Körner für Fasan, Rebhuhn und Ente;
Urform des Weizens: Dinkel (Foto - siehe LW 5.1)

Roggen (Secale cereale L.)

Merkmale:
lange, schlanke Ähre, lange Grannen;
Körner ziemlich lang, dünn, hellbräunlich
Anbau:
als Winterform (WR), selten als Sommerform (SR)
Aussaat:
als WR Aussaat im September - Oktober,
als SR Aussaat im März - April;
gilt als gute Vorfrucht
Äsungszeit:
bevorzugte Blattäsungspflanze im Winter nach Herbstsaat (Winterroggen)
Bedeutung:
WR einzige geeignete Winterfrucht auf leichten Böden;
geeignet für Wildäcker und Zwischenfruchtanbau; Grünroggen gibt früh Deckung und Äsung mit hohem Eiweißgehalt

Die wichtigsten Getreidearten

Gerste (Hordeum vulgare L.)

Merkmale:
schlanke Ähre; sehr lange Grannen, bis zur Ährenspitze reichend; bei der Reife starke Neigung des Halmendes
Anbau:
als Winterform (WG) oder Sommerform (SG)
Aussaat:
als WG Aussaat im September,
als SG Aussaat im März - April
Bedeutung:
Blätter und stark gegrannte Ähren werden vom Wild meist schlecht angenommen,
reine Körner werden dagegen von allem Schalenwild angenommen;
Fütterung von Rebhuhn, Fasan, Enten;
WG geeignet für Zwischenfruchtanbau

Mais (Zea mays)

Merkmale:
bis zu 3 m hoch, Halm markgefüllt; Körner an großen Kolben
Anbau:
als Sommerform; für Wildäcker nur Anbau in Reinsaat, für Mischungen ungeeignet, wärmeliebend
Aussaat:
April - Mai
Äsungszeit:
Kolben ab Milchreife
Bedeutung:
Nutzung als Körnermais (nur Kolben) oder als Grünfutter bzw. Silomais (ganze Pflanze);
bietet neben Äsung für Schalenwild und Fasane auch gute Deckung (wird als Letztes geerntet). Es gibt beim Mais verschiedene Züchtungen, die sich je nach Nutzungsziel (Körner- oder Silomais) unterscheiden. Körnermais wird später geerntet als Silomais. Er bietet zwar gute Deckung, ist aber auch länger wildschadensgefährdet. Die Reifedauer der Sorten wird in Form der FAO-Zahl angegeben (niedrige FAO-Zahl = kürzere Reifezeit).

Waldstaudenroggen (Secale multicaule)

Merkmale:
roggenähnlich, reife Ähren nach unten hängend; wächst in Staudenform;
anspruchslos, zweijährige Pflanze
Anbau:
typische Wildackerpflanze
Aussaat:
auf nicht zu feuchten Böden, Aussaat bis August
Äsungszeit:
Hauptäsungszeit Oktober - März (Blätter),
im 2. Jahr ab September
Bedeutung:
verträgt Wildverbiss sehr gut;
liefert im 1. Jahr Deckung und Blattäsung,
im 2. Jahr Deckung und Körneräsung

Hackfruchtanbau

Die Bezeichnung „Hackfrüchte“ stammt aus einer Zeit, als die Bearbeitung noch mit der Handhacke erfolgte. Hackfrüchte benötigen zu einer optimalen Wurzel- und Knollenbildung einen gelockerten Boden. Gleichzeitig wird dadurch auf mechanischem Wege das Unkraut bekämpft. Heute erfolgt dies ebenso wie das Ernten mit modernen Maschinen. Der Rübenanbau erfolgte früher in der Regel durch Pflanzung von jungen Pflanzen, inzwischen herrscht die Saat vor.

Typische Hackfrüchte sind z. B.
- Kartoffel
- Futterrübe (Runkelrübe)
- Zuckerrübe
- Stoppelrübe

Ferner zählen dazu:
- Mohrrüben und der häufig auf Wildäckern angebaute
- Topinambur

Kartoffelkäfer (Schädling)

Die wichtigsten Hackfrüchte

Kartoffel (Solanum tuberosum)

Merkmale:
zahlreiche Wurzelknollen
Anbau:
Pflanzzeit von April - Mai, auf Wildäckern nur Reinanbau
Äsungszeit:
Knollen ab November, bei Frühkartoffeln ab August
Bedeutung:
wichtige Ablenkungsfrucht in Hochwildrevieren, insbesondere für Schwarzwild (manche Sorten werden stark bevorzugt); Knollen für die Winterfütterung;
geringe Ansprüche an Klima und Boden, erfordert Düngung mit Kali und schwefelsaurem Ammoniak (Mistdüngung)

Topinambur (Helianthus tuberosus)

Merkmale:
2 - 3 m hoch, nah verwandt mit der Sonnenblume, wesentlich kleinere Blütenköpfe; sternförmige, gelbe Blüten; Blätter relativ groß, sonnenblumenähnlich, am unteren Stängelende gegenständig; Wurzeln bilden Knollen; mehrjährige Pflanze (perennierend)
Anbau:
überwiegend im Frühjahr; ziemlich anspruchslos, auf vorbereiteten Ackerböden (wie Kartoffel)
Blütezeit:
September - November
Äsungszeit:
Blätter ganzjährig, Knollen von November - März
Bedeutung:
wegen Wurzelknollen als Futter- und Gemüsepflanze angebaut; geeignet für Neuanlagen und Daueranlagen, typische Wildackerpflanze; Äsung und Deckung für das Wild, Knollen als Saftfutter (Winter)
Neigt auf bestimmten Standorten zur Verwilderung (z. B. nach Knollenverfrachtung durch Hochwasser) und so kann es durch ungewollte Ansiedlung zum Verdrängen der natürlichen Vegetation kommen.

Die wichtigsten Hackfrüchte

Runkelrübe, Futterrübe (links)
(Beta vulgaris L. ssp. vulgaris var. Rapacea)

Merkmale:
gelblich-weiße bis rötliche Wurzelfrucht, walzenförmig, steckt ca. bis zur Hälfte im Boden
Anbau:
März - April, für Wildäcker nur Reinkultur, keine Beimischung
Äsungszeit:
Rüben ab Oktober, Blattverbiss auch schon vorher
Bedeutung:
Rüben als Saftfutter für die Winterfütterung (Kirrung)

Zuckerrübe (rechts) (Beta vulgaris altissima)

Merkmale:
gelblich-weiße, pfahlförmige Wurzelfrucht,
steckt fast bis zum Blattansatz im Boden;
höhere Bodenansprüche als Runkelrübe
Anbau:
März - April, für Wildäcker nur Reinanbau
Äsungszeit:
Rüben ab Oktober, Blattäsung bereits vorher
Bedeutung:
Rüben als Saftfutter für die Winterfütterung (Kirrung),
frosthärter als Runkelrübe

Stoppelrübe (links) (Brassica rapa, ssp. Rapa)

Merkmale:
gelblich-weiße Wurzelfrucht,
steckt meist ca. zur Hälfte im Boden
Anbau:
Juli - August, auch (in geringem Anteil) für Wildackermischung geeignet
Äsungszeit:
ab Dezember
Bedeutung:
wegen des Senfölgehaltes wird die Stoppelrübe oft erst im Hochwinter beäst, frosthart bis -10 °C, anspruchslos

Futtermöhre (rechts) (Daucus carota)

Merkmale:
längliche, orange Wurzelfrucht,
steckt fast bis zum Blattansatz im Boden
Anbau:
ab März, geeignet für Randsaat auf Wildäckern
Äsungszeit:
ab Juli
Bedeutung:
Bestandteil des Wildackers, Rüben für die Winterfütterung, bevorzugte Hasen- und Kaninchenäsung, natürliches Wurmmittel

Feldfutterbau - Hauptfrucht und Zwischenfrucht

Neben der Grundversorgung der Rinderbestände über die Grünlandbewirtschaftung werden auch zusätzlich verschiedene landwirtschaftliche Nutzpflanzen auf Ackerflächen angebaut. Der Anbau erfolgt entweder als **Hauptfrucht** oder als **Zwischenfrucht**.

Als Hauptfrucht oder Zwischenfrucht werden angebaut:
- Gräser, Getreidearten, Schmetterlingsblütler (Leguminosen), Kreuzblütler und in geringen Mengen auch
- andere landwirtschaftliche Nutzpflanzen (z. B. Sonnenblumen).

Als Hauptfrucht werden angebaut:
- Klee
- Luzerne
- Kleegrasgemenge
- Silomais

Unter Zwischenfrucht versteht man eine nach der Hauptfrucht angebaute Frucht. Neben der Verwendung als Viehfutter kann auch eine Nutzung als Gründüngung erfolgen.
Eine wichtige **Gründüngungspflanze** ist der Senf. Auch die raschwüchsige Phacelia wird ausschließlich zu diesem Zweck angebaut.

Phacelia, Büschelschön (Phacelia tanacetifolia)

Merkmale:
blaue, nektarreiche Blüten (Bienenweide), feingegliederte Blätter mit rötlich-braunen Spitzen
Anbau: ab Mai
Blütezeit: Juni - Mitte September
Bedeutung:
geeignet für Zwischenfruchtanbau (Gründüngungspflanze), Bienenweide, wird vom Wild nicht beäst und bietet im Winter wenig Deckung, nach dem Abfrieren nicht sehr standhaft

Sommerzwischenfrucht und Winterzwischenfrucht

Die **Sommerzwischenfrucht** kann entweder als **Stoppelsaat** oder als **Untersaat** erfolgen. Bei der Stoppelsaat erfolgt die Aussaat nach dem Abernten einer früh reifenden Getreidehauptfrucht. Dabei werden geeignete Fruchtarten eingesät, so z. B. Raps, Rübsen, Senf, Ölrettich, Phacelia. Bei der Untersaat wird meist Weiß- oder Rotklee zu der Hauptfrucht Getreide eingesät. Der Anbau von **Winterzwischenfrucht** ist für die Wildhege von großer Bedeutung. Winterzwischenfrucht (vor allem Senf) schafft im Niederwildrevier wertvolle **Herbst- und Winterdeckung** und meist auch **Äsung**.

Art	Winterdeckung	Äsung
Senf	xxx	
Raps, Kohlarten	xxx	xxx
Ölrettich	xxx	x
Klee, Kleegras		xxx
Winterroggen		xx
Lupinen	x	x
Ackerbohne	x	x

Süßlupinen - verschiedene Farben

Mulchsaat: Im Frühjahr wird in den abgefrorenen Senf- oder Zwischenfruchtbestand ohne weitere Bodenbearbeitung die Hauptfrucht, in der Regel Mais oder Zuckerrüben, eingesät.

Kreuzblütler - Allgemeines

Merkmal aller Kreuzblütler ist die vierzählige Blüte. Wegen der typischen Pfahlwurzel brauchen Kreuzblütler meist einen tiefgründigen Boden; Staunässe und trockener Boden sind ungeeignet.

Kreuzblütler (hauptsächlich Raps) werden außer im Feldfutterbau und zur Gründüngung in erheblichem Umfang auch als Ölfrüchte angebaut.

Die wichtigsten Kreuzblütler

Raps (Brassica napus L. ssp. napus)

Merkmale:
mit dem Kohl verwandter Kreuzblütler, 60 -120 cm hoch; zahlreiche Zuchtsorten wie z. B. Winter- und Sommerraps, Blatttypen, Stängeltypen, 00-Raps (eurucasäure- und glucosinolatfreie Züchtung), Samen rund und überwiegend schwarz
Anbau:
je nach Nutzungszweck und Sorte von Mai - Anfang September, benötigt wie alle Kreuzblütler eine gute Stickstoffversorgung, verträgt nur schwach bis mäßig saure Böden, keine Trockenheit und Staunässe
Blütezeit:
Winterraps blüht von Ausnahmen abgesehen (sehr früher Anbautermin bei einigen Sorten) im Ansaatjahr nicht, sondern im darauffolgenden Mai, Sommerraps blüht oft schon nach 6 Wochen
Äsungszeit:
ab Oktober (vor der Blüte) bis Ende des Winters
Bedeutung:
in der Landwirtschaft meist Ölfrucht, aber auch zur Gründüngung und als Futterpflanze; Winterraps ist wichtige Äsungspflanze auf Wildäckern und landwirtschaftlichen Nutzflächen, frosthart bis - 20 °C, auch für Mischungen geeignet; nach dem Schossen der Blüte im Frühjahr nur noch selten Verbiss, dann nur Deckungspflanze

Weißer Senf (Sinapis alba)

Merkmale:
80 - 100 (120) cm hoch, gelbe Blüten;
kantige Früchte (Schoten), am Ende abgeflacht
Anbau:
Frühjahr oder Herbst, spätsaatverträglich (bis Ende September)
Blütezeit:
Juni - Juli
Bedeutung:
raschwüchsige Deckungspflanze (insbesondere für Hühnervögel), geeignet für Zwischenfruchtanbau;
wird fast nicht verbissen, nur Körner als Federwildäsung
Weitere Sorten:
Schwarzer Senf, Sarepta-Senf

Die wichtigsten Kreuzblütler

Rübsen, z. B. Winterrübsen
(Brassica rapa subsp. oleifera, syn. Brassica rapa subsp. Campestris)

Rübsen und Raps sind aus Winterrübsen entstanden

Merkmale:
30 - 40 cm hohe Blattpflanze, krause Blätter;
benötigt Kälteschock zum Blühen
Anbau:
Mai - September, spätsaatverträglich;
stellt weitaus geringere Standortansprüche als der Raps
Äsungszeit:
nach Frosteintritt, wird erst spät vom Wild angenommen, nicht so beliebt wie der Raps
Bedeutung:
im Frühjahr rasch schossend, dann nur Deckungspflanze;
in der Landwirtschaft meist als Gründüngungspflanze;
es gibt auch Sommerrübsen, dieser blüht im Ansaatjahr

Ölrettich (Raphanus sativus var. Oleiformis)

Merkmale:
80 - 150 cm hoch, weiße bzw. bläulich-violette Blüten;
erbsenähnliche Früchte (Schoten)
Anbau:
Aussaat Frühjahr bis September
Blütezeit:
Juni - Juli
Äsungszeit:
meist erst nach dem Schossen, geringer Verbiss
Bedeutung:
sehr schnell wachsende Deckungspflanze für fast alle Standorte, geeignet für Zwischenfruchtanbau; im Rebhuhn- oder Fasanenrevier wird die Frühjahrsaussaat bevorzugt (Deckung)
Achtung:
Samen reifen aus, im Folgejahr massenhafter Aufwuchs, der andere Pflanzen verdrängt

Markstammkohl (Brassica oleracea convar. acephala var. Medullosa)

Merkmale:
Stängel mit sehr hohem Blattanteil
Anbau:
Aussaat bzw. Pflanzung von März - Juli, auch für Futtermischungen geeignet; liebt mittlere Böden mit entsprechender Vordüngung
Äsungszeit:
ab Dezember
Bedeutung:
wichtige und sehr gerne angenommene Wildackerpflanze für Schalenwild, Hase, Kaninchen, Fasan und Rebhuhn; frostverträglich bis -12 °C, auch geeignet für Silagegewinnung
Ähnliche Arten:
- Furchenkohl:
  dem Markstammkohl sehr ähnlich, treibt nach Verbiss aus und ist ebenso winterhart
- Blattstammkohl:
  blaue Blattfärbung, steht im Verhältnis Stängel- zu Blattanteil zwischen Markstammkohl und Furchenkohl (in Futtergemengen durch langsame Jugendentwicklung benachteiligt)

Schmetterlingsblütler (Leguminosen)

Neben Kreuzblütlern werden beim Feldfutterbau auch verschiedene Schmetterlingsblütler (Leguminosen) angebaut. Zu den Leguminosen zählen unter anderem alle **Klee- und Wickenarten**, die auch auf Wiesen und Weiden wachsen. Spezielle Leguminosenarten werden auch zur Körnergewinnung angebaut. Zu diesen Körnerleguminosen oder Hülsenfrüchten zählen z. B. **Ackerbohnen, Erbsen, Wicken** und **Lupinen**.

Merkmale der Schmetterlingsblütler

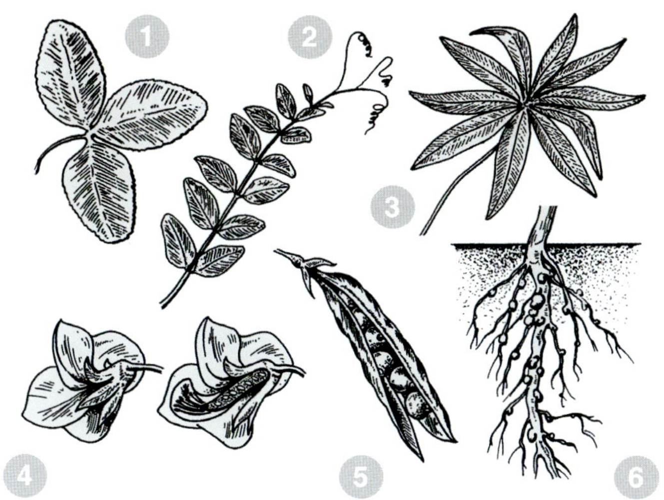

Leguminosen machen das Futter eiweißreicher und auch schmackhafter sowie den Boden stickstoffreicher.

Die wichtigsten Merkmale der Leguminosen:

1 **dreiteilige Blätter** (= Merkmal vieler Kleearten)
2 **gefiederte Blätter** (= Merkmal der Wickenarten)
3 **gefingerte Blätter** (= z. B. typisch für Lupinen)
4 **Schmetterlingsblüten**
5 **Bildung von Hülsenfrüchten**
6 **Wurzeln mit kleinen Knöllchen**

Diese Wurzelknöllchen enthalten Bakterien, die den Luftstickstoff binden und in Stickstoffdünger umwandeln.

Die wichtigsten Schmetterlingsblütler (Leguminosen)

Rotklee, Wiesenrotklee (Trifolium pratense)

Merkmale:
25 - 50 cm hoch, am Ende jeden Stängels meist 2 Blütenköpfe; Blüten fleischrot, seltener leicht violett oder rosafarben, sogar gelblich-weiß; hellgrüne bis gelbe Schattierung an den Blättern
Anbau:
Saat ab Februar bis August
Blütezeit:
Juni - Oktober
Äsungszeit:
ganzjährig durch alles Schalenwild, Hasen, Kaninchen und Hühnervögel
Bedeutung:
ausdauernd, für Dauerwiesen geeignet, wertvolle Futterpflanze, wichtigste Kleeart (wertvolles Heu); züchterisch auf mehr Massenwuchs als Ackerrotklee (Feldfutterbau) weiterentwickelt, dann nur noch ungefähr dreijährig

Die wichtigsten Schmetterlingsblütler (Leguminosen)

Weißklee, Lämmerklee, Kriechender Klee (Trifolium repens)

Merkmale:
20 - 50 cm hoch, oberirdische Ausläufer;
weiße, selten rötliche, später braune Blüten
Anbau:
stellt geringe Bodenansprüche
Blütezeit:
Mai - September
Bedeutung:
sehr guter Futterwert, honigreiche Blüten; geeignet für Heu und Silage; trittunempfindlich, geeignet für Daueranlagen (Dauerklee), für Feldfutterbau verschiedene Zuchtsorten

Hopfenklee (Hopfenluzerne, Gelbklee) (Medicago lupulina)

Merkmale:
bis 60 cm hoch, gelblich-grüne Blüten in runden Köpfen
Anbau:
nähr- und stickstoffreiche Böden
Blütezeit:
April - Oktober
Bedeutung:
geeignet für Dauergrünland (Dauerklee)

Feld-Klee (gelb) ohne Abbildung (Trifolium campestre)
Anbau:
nährstoffarme und kalkhaltige Böden
Blüte:
Juni bis September

Hornschotenklee, Gemeiner Hornklee (Lotus corniculatus)

Merkmale:
5 - 30 cm hoch, markiger Stängel, Pfahlwurzel;
gelbe Blüten, außen oft rötlich angelaufen;
spitz auslaufende Blätter, bohnenähnliche Früchte
Anbau:
stellt geringe Bodenansprüche
Blütezeit:
Mai - September
Bedeutung:
verbessert trockene und magere Böden; perennierende Pflanze; geeignet für Dauerweiden (Dauerklee)

Perserklee, Persischer Klee (Trifolium resupinatum)

Merkmale:
rosa-weiße Blüten, die um 180 ° gewendet sind,
sehr tiefgehende Wurzeln
Anbau:
Saat April - Juni, stellt mittlere Bodenansprüche
Blütezeit:
Juni - September
Bedeutung:
einjährig, Bestandteil bei Neueinsaat von Wildwiesen und Wildäckern, mittlere Bodenansprüche, einsömmerige Kleeart für Gründüngung oder Untersaat; im Vergleich zu anderen Kleearten relativ rasche Jugendentwicklung, daher bessere Durchsetzungskraft in Futtergemengen

Die wichtigsten Schmetterlingsblütler (Leguminosen)

Inkarnatklee (Trifolium incarnatum)

Merkmale:
rote Blüten, 20 - 50 cm hoch
Anbau:
stellt mittlere Bodenansprüche
Blütezeit:
Mai - August
Bedeutung:
für Wildwiesen und Wildäcker geeignet; mittlere Bodenansprüche, nur einjährig

Schwedenklee, Bastardklee, Gebirgsklee (Trifolium hybridum)

Merkmale:
bis 50 cm hoch; Blüten meist rosa, selten weiß
Anbau:
Saat ab Februar - August, stellt mittlere Bodenansprüche
Blütezeit:
Mai - September
Bedeutung:
perennierende Pflanze (bis 4 Jahre), geeignet für Wildwiesen, mehrjährige Wildäcker (Dauerklee), mittlere Bodenansprüche

Luzerne, Juraklee (Medicago sativa)

Merkmale:
30 - 80 cm hoch;
Blüten in kurzen Trauben, bläulich-violett bis weißlich;
Blätter oval bis keilförmig, am oberen Rand gezähnt
Anbau:
Saat April - Juni,
stellt hohe Ansprüche an den Boden (Kalk)
Blütezeit:
Juni - Oktober
Bedeutung:
perennierende (überwinternde) Pflanze, geeignet für Daueranlagen, Wildäcker und Kleegrasmischungen; im Feldfutterbau als Reinsaat; hoher Anteil an Vitamin A (daher Schattentrocknung für Heu)

Weitere Kleearten sind z. B. der Alexandrinerklee und der Wundklee.

Vogelwicke (Vicia cracca)

Merkmale:
bis ca. 1 m hoch, Stängel läuft in Ranken aus;
blauviolette Blüten; paarig gefiederte Blätter
Anbau:
Mai
Blütezeit:
ab Juli
Äsungszeit:
ab Juli
Bedeutung:
für Wildäcker geeignet, Leguminose mit hohem Eiweißanteil, wird in Hülsenfruchtgemengen verwendet

Die wichtigsten Schmetterlingsblütler (Leguminosen)

Futtersaaterbse (Pisum sativum ssp. Divense)

Merkmale:
ca. 1 m hoch, rötliche Blüten
Anbau:
Mai,
benötigt Stützfrucht (Getreide),
sonst Neigung zum Lagern
Blütezeit:
ab Juli
Bedeutung:
für Wildackermischungen geeignet, hoher Eiweißanteil
Anmerkung:
Es gibt verschiedene Platterbsenarten.

Serradella (mitte rechts) (Ornithopus sativus)

Merkmale:
40 - 60 cm hoch, Blüten rosa-weiß
Anbau:
Saat April - August
Blütezeit:
Mai - September
Bedeutung:
einjährige Pflanze, hervorragend geeignet für Sandböden (kalkempfindlich); in Reinsaat oder Untersaat von Getreide (Roggen), auch Halbschatten vertragend; auf Äsungsstreifen im Wald;
empfindlich gegen stärkere Verunkrautung

Esparsette (mitte links) (Onobrychis viciifolia)

Merkmale:
30 - 100 cm hoch,
rosafarbene Blüten in gestielten Trauben
Anbau:
stellt mittlere Bodenansprüche
Blütezeit:
Mai - Juli
Bedeutung:
wertvolle, eiweißreiche Futterpflanze, wird besonders gerne von Rehwild aufgenommen; als Wildackerpflanze, aber auch als Dauergrünland, für Wegböschungen, Kiesgruben usw. geeignet (ausdauernd)

Sojabohne (Clycine max)

Merkmale:
bis ca. 1 m hoch, nur für milde Lagen geeignet
Anbau:
Mai, stellt hohe Ansprüche
Äsungszeit:
ab Juli
Bedeutung:
für Wild sehr schmackhaft, wird schon als Jungpflanze gerne verbissen; sehr eiweißreich;
Bestandteil von Wildackermischungen,
sehr frostempfindlich

Die wichtigsten Schmetterlingsblütler (Leguminosen)

Dauerlupine, Mehrjährige Lupine (Lupinus spec.)

Merkmale:
bis 80 cm hoch;
kerzenförmige Blütenstände (kegelförmig aufblühend), meist blaue, aber auch andersfarbige Blüten; gefingerte Blätter; bildet Wurzelknöllchen
Anbau:
Aussaat Mai - August (horstweise),
gedeiht auf allen Böden
Blütezeit:
Mai - Juni
Äsungszeit:
wird mit Ausnahme der Blütenspitzen oft nur gering beäst (Bitterstoffe)
Bedeutung:
Achtung! Neigt zu Verwilderung und verdrängt einheimische Pflanzengesellschaften.

(Gelbe) Süßlupine, Einjährige Lupine (Lupinus luteus)

Merkmale:
kerzenförmige Blütenstände, gelbe Blüten; gefingerte Blätter; bitterstoffarme Zuchtsorte; andere Farbvariationen möglich
Anbau:
Aussaat Mai - August
Blütezeit:
Mai - Juni
Äsungszeit:
ab Juli
Bedeutung:
gute Wildackerpflanze, die oft schon als Jungpflanze stark verbissen wird; nach starkem Verbiss wenig regenerationsfähig; wird in Gemengen oft unterdrückt

Hülsenfruchtanbau

Die Körnerleguminosen, auch Hülsenfrüchte genannt, werden in Deutschland nur in geringem Umfang angebaut.

Früher wurden in erster Linie Ackerbohnen zur Körnergewinnung angebaut. Heute erfolgt der Anbau von Erbsen und Lupinen ebenfalls zur Körnergewinnung für die Verwendung als Lebensmittel und Futtermittel, während die Winterwicke ausschließlich als Gründüngungspflanze verwendet wird.

Ackerbohne in der Blüte (links)
Fruchtstände (Schoten) (rechts)

Ölfruchtanbau

Rapsfeld in der Blüte (oben), Sonnenblumenfeld (unten)

Der inzwischen weit verbreitete Raps hat in Deutschland die wohl größte Anbaufläche aller Ölfrüchte. Dabei werden die Körner zur Gewinnung von Rapsöl verarbeitet. Neben seiner Verwendung für die Ernährung wird Rapsöl auch für technische Zwecke eingesetzt. Insofern kann man den Ölfruchtanbau auch teilweise als Anbau nachwachsender Rohstoffe einordnen (Rapsdiesel!).

Desweiteren ist der Rübsen für die Ölgewinnung geeignet. In geringem Umfang wird auch Öllein (Leinsamen) angebaut. Insbesondere in südlichen Ländern spielt der Anbau von Sonnenblumen eine große Rolle.

Sonnenblume (Helianthus annuus)

Merkmale:
bis 2,5 m hoch, scheibenförmiger Blütenkopf, Blütendurchmesser 30 - 40 cm, gelbe Blütenblätter; Blätter groß, fast herzförmig, wechselständig
Anbau:
Aussaat von Frühjahr bis Ende Juli
Äsungszeit:
ab Juli
Bedeutung:
zählt zu den Ölpflanzen, hoher Stärkeanteil;
bietet Äsung (Körner) und Deckung für Schalenwild und Federwild; auch für Mischungen geeignet
Anmerkung:
Anbau als Ölpflanze nur in wärmeren Lagen

Sonstige Kulturpflanzen

Früher wurde zur menschlichen Ernährung auch der Buchweizen angebaut. Heute wird er hauptsächlich als Wildackerpflanze verwendet.

Buchweizen (rechts) (Fagopyrum esculentum esc.)

Merkmale:
50 - 60 cm hoch; weiße bis rötliche, gebüschelte Blüten; Blätter dreieckig bis herzförmig, rötlich geädert; keine Getreideart, sondern Knöterichgewächs
Anbau:
ab Mai nach dem letzten Frost,
geeignet für Rohböden ohne Düngung
Blütezeit:
Juni - September
Äsungszeit:
ab Juli
Bedeutung:
sowohl Pflanze als auch Körner werden gerne vom Wild geäst; wichtige Wildackerpflanze, gut für Wildackermischungen geeignet, nicht frosthart, überwintert nicht

Eine weitere wichtige Wildackerpflanze ist die **Kulturmalve** (links).

Anbau nachwachsender Rohstoffe

Leinblüten

Faserlein kurz vor der Ernte

Hanfbestand

Unter nachwachsenden Rohstoffen versteht man sowohl pflanzliche als auch tierische Rohstoffe, die nicht als Nahrungsmittel verwendet werden. Der Anbau nachwachsender Rohstoffe nimmt derzeit noch einen geringen Anteil der landwirtschaftlichen Erzeugnisse ein.

Bisher unterscheidet man bei den nachwachsenden Rohstoffen die Pflanzen in sogenannte ...

Industriepflanzen:
Sie finden Verwendung zur Gewinnung von

- Ölen und Fetten:
  Raps, Sonnenblume, Lein, Senf, Rübsen
- Stärke:
  Mais, Kartoffeln
- Zucker:
  Zuckerrüben
- Fasern:
  Faserlein (Flachs), Hanf als Heil- und Gewürzpflanzen und zur Farbstoffgewinnung

Energiepflanzen:
Sie finden Verwendung zur Erzeugung von

- Zucker und Stärke für Ethanol:
  Kartoffeln, Zuckerrüben
- Ölen, z. B. als Kraftstoff und Brennstoffe:
  Raps
- Wärme und Strom aus Biomasse:
  schnellwachsende Hölzer, Miscantus (Chinaschilf)

Sonderkulturen

Sonderkulturen sind Kulturpflanzungen mit hochwertigen Handelsgewächsen.

Hierzu zählen z. B. **Tabak, Hopfen, Wein, Obst, Gemüse, Spargel**, aber auch der Anbau von **Baumschulgewächsen**.

Sonderkulturen haben für den Jäger eine **jagdrechtliche Bedeutung**. In Sonderkulturen ist für den Schutz gegen Wildverbiss der jeweilige Wirtschafter **selbst verantwortlich**. Dies wirkt sich insbesondere bei der **Regulierung von Schadensersatzansprüchen** aus.

Hopfenanbaufläche

Fragen zur Wiederholung

Die Fragen zur Wiederholung sind angelehnt an die Fragestellung der mündlichen Prüfung, in welcher oft übergeordnete Zusammenhänge abgefragt werden. Die Lösungen finden Sie in den voranstehenden Kapiteln 5 bis 7.

Welche Getreidearten werden bei uns angebaut?

Erklären Sie den Unterschied zwischen Sommer- und Wintergetreide.

Welche Besonderheiten bei den einzelnen Getreidearten, bezogen auf das Wild, sind für den Jäger von Bedeutung?

Was zählt zu den Hackfrüchten?

Welche Bedeutung für das Wild haben die verschiedenen Hackfrüchte?

Welche Futterpflanzen werden im Feldfutterbau verwendet?

Welcher Kreuzblütler hat derzeit in der Landwirtschaft die größte Bedeutung?

Was zählt unter den landwirtschaftlichen Nutzpflanzen zu den Schmetterlingsblütlern?

Was zählt zum Beispiel als Sonderkultur?

Welche Bedeutung hat der Buchweizen?

Um welche Kulturpflanzen handelt es sich auf diesen Bildern?

Den kostenlosen Heintges-Thementest
„Pflanzen des Ackerbaues“
finden Sie im Internet unter www.jagdtrainer.de

Grünlandbewirtschaftung - Allgemeines

Als Grünland bezeichnet man landwirtschaftlich genutzte Flächen, die meist aufgrund besonderer Umstände nicht durch Ackerbau bewirtschaftet werden können. Besondere Umstände sind z. B. extreme Hanglage, hoher Grundwasserstand, schlechte Bodenverhältnisse, Lage im Überschwemmungsgebiet usw. Abhängig von Standort, Klima und Nutzung zeigt das Grünland unterschiedliche Pflanzengesellschaften. Man unterscheidet z. B. **Trockenwiesen (Trockenrasen), Fettwiesen, Feuchtwiesen** usw. Das Vorkommen der verschiedenen Pflanzengemeinschaften lässt Rückschlüsse auf Boden und Nährstoffhaushalt sowie Wasserhaushalt und Klima zu.

Weide oder Wiese

Nutzung als Weide

Heugewinnung

kräuterreiche Wiese mit Margeriten und Rotklee

Wiesenkerbel (häufige Wiesenpflanze, Stickstoffanzeiger, wegen der harten Stängel im Heu von den Landwirten wenig geschätzt)

Die Nutzung des Grünlandes erfolgt entweder als **Weide** oder als **Wiese**. Die Nutzung einer Weide erfolgt durch direktes Abweiden des Aufwuchses durch **Weidevieh** (meist Rinder, Pferde und Schafe). Die Nutzung als Wiese dient der Gewinnung von **Mähgrünfutter, Silage, Heu** und **Grummet**.

Heu (= getrocknetes Gras vom ersten Schnitt) hat einen höheren Rohfasergehalt als **Grummet** (= getrocknetes Gras der weiteren Schnitte) und ist gröber strukturiert. Die Gehalte nach Rohfaser und verdaulichem Eiweißgehalt schwanken nach Schnittzeitpunkt und Trocknungsart. Unter **„Grüncobs"** versteht man heißluftgetrocknetes, in Pellets gepresstes Erntegut (Futtermittel).

Bei den Grünlandpflanzen unterscheidet man hauptsächlich zwei Pflanzengruppen:

- **Gräser (Süß- und Sauergräser)**
- **Kräuter** wie z. B. Großer und Kleiner Wiesenknopf und Leguminosen (Klee- und Wickenarten)

Zur Heugewinnung eignen sich alle zwei Gruppen, wobei jedoch Sauergräser vom Vieh meist verschmäht werden. Sauergrasreiche Wiesen (sogenannte Streuwiesen) werden deshalb in manchen Gegenden zur Einstreugewinnung genutzt.

Almwirtschaft

Eine Sonderform innerhalb der Grünlandbewirtschaftung ist die Almwirtschaft in den Alpen. Da diese Flächen oft nur schwierig zu erreichen sind, ist eine Grünlandbewirtschaftung im eigentlichen Sinne nicht möglich. Außerdem ist die Nutzungsdauer nur auf die Sommermonate beschränkt. Almen dienen als Weiden für Rinder, Schafe und Pferde. Früher wurde hauptsächlich Milchvieh aufgetrieben, wobei die Milch sofort zu Butter oder Käse verarbeitet wurde. Heute wird meist nur Jungvieh aufgetrieben (Personalmangel). Die Almwirtschaft ist jedoch für die Erhaltung der Kulturlandschaft von großer Bedeutung. Nicht mehr beweidete Almen verbuschen und werden schließlich wieder zu Wald. Probleme gibt es allerdings bei der Erhaltung des Bergwaldes, da vielfach neben den Almen- auch Weiderechte bestehen. Die **Trennung von Wald und Weide** ist oft sehr schwierig, da von Berechtigten Ausgleichsflächen gefordert werden, die in den Talbereichen nur schwer zu bekommen sind. **Rotwild und Birkwild profitieren von der Almwirtschaft.**

Allgemeine Merkmale der Gräser

Unsere Weiden und Wiesen sind geschichtet aufgebaut und zwar über und unter der Erde. Pflanzen haben verschieden lange Triebe und Wurzeln.

Die Hauptpflanzen des Grünlandes sind die Gräser. Deshalb unterscheidet man vereinfacht zwischen

A **Obergräser** und
B **Untergräser**.

Bei den Gräsern unterscheidet man desweiteren zwischen

Süßgräser
Standort: **Wiesen und Weiden mit geregeltem Wasserhaushalt**
Zu den Süßgräsern gehören z. B. Wiesenlieschgras, Wiesenfuchsschwanz, Wiesenschwingel, Knaulgras, Wiesenrispe, Deutsches und Welsches Weidelgras, Rotschwingel und unsere Getreidearten.

Sauergräser
Standort: **Streuwiesen und vernässte Stellen**
Zu den Sauergräsern gehören z. B. Wollgräser, Seggen, Simsen, Binsenarten usw.

z. B. Weidelgras z. B. Lieschgras z. B. Schwingel

Besondere Merkmale zeigen sich bei den Gräsern an Blättern, Stängeln, Blütenstand, Begrannung, Wuchs und Bestockung.

Die wichtigsten Stängelformen:

1 **hohl, rund mit Knoten**
(Merkmal der Süßgräser)
2 **dreikantig, gefüllt mit Mark**
(Merkmal der Sauergräser und Seggen)
3 **rund, knotenlos, gefüllt mit Mark**
(Merkmal der Binsen)

Die wichtigsten Blütenstandsformen:

4 **echte Ähre**
5 **Scheinähre** (= Rispen mit gestauchten Ästen, so dass ährenähnliches Aussehen vorliegt)
6 **Rispe**

Die wichtigsten Gräser

Deutsches Weidelgras (Englisches Raygras, Lolch, Leitergras) (links) (Lolium perenne L.)

Merkmale:
20 - 60 cm hoch, dunkelgrün, glänzende Blattunterseite; lockere, zweizeilige Ähre mit ca. 1 cm langen Ährchen, in der Regel unbegrannt
Blütezeit:
Mai - Oktober
Bedeutung:
perennierendes, an geeigneten Stellen ausdauerndes Untergras, weitgehend wintergrün; wertvollstes Weidegras und Heu, wird gerne von Rehwild geäst

Wiesenrispengras (Messel, Schätzligras, Schlirpe- oder Spaltgras) (rechts) (Poa pratensis L.)

Merkmale:
10 - 60 cm hoch; aufrechte, lockere Rispe, bläulichgrün, braun oder violett überlaufen, unbegrannt; jüngstes Blatt gefaltet
Blütezeit:
Mai - Juni
Bedeutung:
wichtigstes Weide- und Wiesenuntergras, winterhart, blattreich und rasenbildend, ergibt gutes Heu

Rotschwingel (links) (Festuca rubra L.)

Merkmale:
20 - 100 cm hoch; wenig verzweigte, meist aufrechte Rispe mit länglichen Ährchen, meist kurzgrannig; Blätter oberseitig stark gerieft, Grundblätter borstig
Blütezeit:
Juni - August
Bedeutung:
gutes Futtergras, rasenbildend, besonders für Dauerweiden geeignetes Untergras, in vielen Sorten vorkommend

Wiesenschwingel (rechts) (Festuca pratensis Huds.(elatior))

Merkmale:
30 - 120 cm hoch, horstbildend; meist schmale, aufrechte oder leicht hängende Rispe mit rauen Ästen, Ährchen hellgrün, selten violett getönt; Blattoberseite gerieft, Unterseite glänzend, Stängelgrund rot
Blütezeit:
Juni - Juli
Bedeutung:
sehr gutes Futtergras, winterhartes, ausdauerndes Obergras, unempfindlich gegen Tritt,
auch in höheren Lagen noch sehr ergiebig

Die wichtigsten Gräser

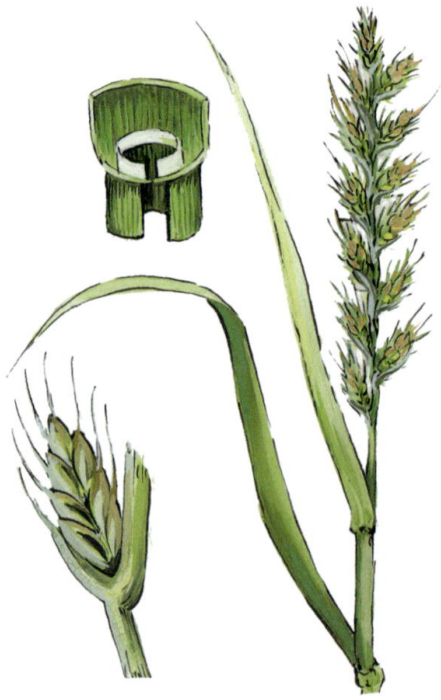

Knaulgras (Hunds-, Katzen-, Ross-, Knödl-, Knopfgras)
(links) (Dactylis glomerata L.)

Merkmale:
30 - 100 cm hoch, blattreich, horstbildend; meist einfache Rispe, aufrecht, graugrün, oft mit weit abstehendem untersten Rispenast; Blattunterseiten scharf gekielt
Blütezeit: Mai - Juni
Bedeutung:
frühwüchsig, junges wertvolles Futtergras; gut nachwachsendes, ausdauerndes Obergras, ertrags- und nährstoffreich, jedoch früh verholzend

Welsches Weidelgras (Italienisches Raygras)
(rechts) (Lolium multiflorum Lam.)

Merkmale:
bis zu 1 m hoch, horstbildend;
bis 1 cm breite Spreiten mit begrannten Ährchen
Blütezeit: Juni - August
Bedeutung:
unser schnellwüchsigstes Futtergras, frostempfindlich, auch unter günstigen Bedingungen nur wenigjährig; nur für Feldfutterbau, nicht für Dauerwiesen geeignet

Wiesenlieschgras (Kaminkehrer, Katzenschweif)
(links) (Phleum pratense L.)

Merkmale:
30 - 100 cm hoch, horstbildend; bis zu 30 cm lange, aufrechte oder schwach übergebogene Scheinähre mit 3 - 4 mm langen Ährchen, weißlich-blau-grün, selten violett; hellgrüne Blätter
Blütezeit: Juni - September
Bedeutung:
hochwertiges, sehr winterhartes Futtergras, unempfindlich gegen Tritt, Bestandteil von Saatmischungen für Dauerbrachflächen; früh verholzend

Wiesenfuchsschwanz
(Rattenschwanz, Hundegras, Eselsgras, Haarzieher)
(rechts) (Alopecurus pratensis L.)

Merkmale:
30 - 100 cm hoch; große, dicke Scheinähre, meist aufrechtstehend, mit 4 - 6 mm langen begrannten Ährchen, weißlich mit grünen Nerven, selten violett; langes, gerieftes Blatt, im Gegensatz zum Lieschgras lassen sich die Ährchen abstreifen
Blütezeit:
Mai - Juni, oft zweite Blütezeit zum zweiten Heu
Bedeutung:
eines der besten Futtergräser, erträgt gut Winter- und Spätfröste und lange Schneebedeckung, frühwüchsig, schnell nachwachsend

Die wichtigsten Gräser

Glatthafer (Französisches Raygras, Falscher Hafer, Halmschmiele) (Arrhenatherum elatius L.)

Merkmale:
60 - 150 cm hoch, horstbildend; Rispe bis zu 25 cm lang, zur Blütezeit locker ausgebreitet, Äste wenig verzweigt, Ährchen mit einer geknieten Granne; Blätter gekielt
Blütezeit:
Juni - Juli
Bedeutung:
wertvolles Mähgras, im Heu hochgeschätzt, als Grünfutter jedoch bitter; perennierend, 3- bis 6-jähriges Obergras

Wildkräuter

Wichtige Bestandteile des Grünlandes und insbesondere der Wildäsungsflächen sind verschiedene **Kräuter**. Während der Landwirt Weide- und Wiesenkräuter nur bedingt (bis ca. 10 %) wünscht (z. B. Bröckelverluste bei maschineller Heugewinnung), haben bestimmte Kräuter für das Wild eine überragende Bedeutung. Viele dieser Kräuter dienen unserem Wild als **natürliche Heilkräuter**. Sie spielen eine wichtige Rolle für seine Gesundheit und verbessern die Bekömmlichkeit der Äsung.

Zahlreiche Wildkräuterarten sind auch Wirtspflanzen für verschiedene „nützliche" und bestandsbedrohte Insektenarten und -populationen. In zunehmendem Maße werden von den Jägern auf Wildäsungsflächen spezielle vom Handel angebotene Kräutergemenge angebaut. Die Kräuter gehören botanisch zu den verschiedensten Pflanzenfamilien wie z. B. Doldenblütler, Lippenblütler, Korbblütler usw.

Malve

Wichtige Wildpflanzen, die vom Wild gerne angenommen werden sind z. B.

Löwenzahn
Kleine Bibernelle
Spitzwegerich
Wiesenmargerite
Großer und Kleiner Wiesenknopf
Wegwarte
Nachtkerze
Ampferarten
Ackerspörgel
Malvenarten
Ackerhohlzahn
Baldrian

Beispiele wichtiger Kräuter

Gemeiner Löwenzahn (Kuhblume, Butterblume*)

Wiesenmargerite (Wucherblume)

Rundblättrige Glockenblume

Breitwegerich

Spitzwegerich

Schafgarbe

Großer Wiesenknopf

Gemeine Wegwarte

Johanniskraut

Beispiele wichtiger Ackerwildkräuter

Ackergauchheil

Ackerhellerkraut

Ackerkamille

Ackerkratzdistel

Ackerschachtelhalm

Ackerveilchen

Ackervergissmeinnicht

Kornblume

Klatschmohn

*) Butterblume steht für verschiedene, nicht miteinander verwandte, gelb blühende krautige Pflanzenarten, unter anderem für: Gewöhnlicher Löwenzahn (Taraxacum officinale), Scharfer Hahnenfuß (Ranunculus acris), Sumpfdotterblume (Caltha palustris), Scharbockskraut (Ficaria verna), Trollblume (Trollius europaeus).

Fragen zur Wiederholung

Die Fragen zur Wiederholung sind angelehnt an die Fragestellung der mündlichen Prüfung, in welcher oft übergeordnete Zusammenhänge abgefragt werden. Die Lösungen finden Sie in dem voranstehenden Kapitel 8.

Was versteht man unter den Begriff „Grünland"?
Wie wird Grünland genutzt?
Wie unterscheiden sich Süß- und Sauergräser?
Nennen Sie sechs Süßgräser und beschreiben Sie deren Blüte.
Welche weiteren Pflanzen, außer Gräser, kommen im Grünland vor und welche Bedeutung haben diese für das Wild?

Verwendung der landwirtschaftlichen Nutzpflanzen

Die Bewertung der einzelnen Pflanzen ist von verschiedenen Faktoren wie z. B. Sorte und Saatzeitpunkt abhängig, gegendspezifische Abweichungen sind möglich.

Pflanzenart	Getreideanbau	Hackfruchtanbau	Feldfutterbau	Hülsenfruchtanbau	Ölpflanzenanbau	Gründüngung	Zwischenfruchtanbau	Untersaat zu Getreide	Wiese	Weide (Wildwiese)	Wildacker	Besonderheiten
Hafer	■		■								■	
Weizen	■										(■)	
Dinkel	■										■	
Roggen	■											
Triticale	■						■					
Gerste	■											
Mais	■		■								■	
Waldstaudenroggen											■	für zweijährige Wildäcker
Kartoffel		■									■	
Topinambur		■									■	auch als Dauerwildacker
Runkelrübe		■									■	
Zuckerrübe		■										
Stoppelrübe		■									■	
Futtermöhre		■									■	
Phacelia						■	■					
Raps (je nach Sorte)			■		■	■	■				■	
Rübsen			■			■	■				■	
Senf						■	■					
Ölrettich						■	■				■	
Markstammkohl			■								■	
Furchenkohl			■								■	
Blattstammkohl			■								■	
Rotklee			■			■		■	■	■	■	auch f. Wegböschungen
Weißklee			■			■		■	■	■	■	auch f. Wegböschungen
Gelbklee			■			■		■	■	■	■	auch f. Wegböschungen
Hornschotenklee			■			■			■	■	■	auch f. Wegböschungen
Perserklee			■			■					■	
Alexandrinerklee			■			■					■	
Schwedenklee			■			■		■	■	■	■	auch f. Wegböschungen
Luzerne			■					■	■	■	■	auch f. Wegböschungen
Sommerwicke			■			(■)	■		■	(■)	■	
Ackerbohne				■			■					
Futtersaaterbse			■	■			■				■	
Seradella			■			■	■	■				
Süßlupine			■			■	■					
Esparsette			■						■	■	■	auch f. Wegböschungen
Sojabohne					*)							*) nur in südl. Ländern
Sonnenblume			■		■						■	
Buchweizen											■	
Öllein (Leinsamen)					■							
Deutsches Weidelgras			■						■	■		
Wiesenrispengras									■	■		
Rotschwingel									■	■		
Wiesenschwingel									■	■		
Knaulgras									■	■		
Welsches Weidelgras			■			■	■				(■)	
Wiesenlieschgras									■	■		
Wiesenfuchsschwanz									■	■		
Glatthafer									■			

Allgemeines zum Pflanzenschutz

Alle Maßnahmen zum Schutz der Kulturpflanzen vor Schädlingen, Krankheiten und Verdrängung durch unerwünschte Kräuter und Gräser werden unter dem Begriff „Pflanzenschutz" zusammengefasst. Der eigentliche Pflanzenschutz beginnt mit der richtigen **Standortwahl** und **Bodenvorbereitung (Pflege)** sowie mit der pflanzengerechten **Saatzeit** und **Saatmethode** und der regelmäßigen Betreuung vom Aufgehen bis zur Ernte.

Beim Pflanzenschutz unterscheidet man zwischen ...

direkten Maßnahmen	**indirekten Maßnahmen**
Zu den direkten Maßnahmen zählen: • physikalisch-mechanischer Pflanzenschutz • chemischer Pflanzenschutz • biologischer Pflanzenschutz	Zu den indirekten Maßnahmen zählen: • Kulturtechnik (Fruchtfolge, Düngung, Saat) • Sortenwahl • Schutz und Schonung „nützlicher" Tiere

Direkter Pflanzenschutz

Physikalische und mechanische Maßnahmen
Hierzu zählt z. B. die Unkrautbekämpfung durch eine entsprechende Bodenvorbereitung und Bodenbearbeitung. Verwendung finden hierbei z. B. Eggen, Fräsen, Grubber (siehe LW 4.2).

Chemische Schutzmittel
Die wirksamste, aber auch gefährlichste Maßnahme zum Pflanzenschutz ist der Einsatz chemischer Schutzmittel, z. B.

- **Herbiziden (gegen Unkräuter)**
- **Fungiziden (gegen Pilze)**
- **Insektiziden (gegen Insekten)**
- **Rodentiziden (gegen Nagetiere - Mäuse)**
- **Molluskiziden (gegen Weichtiere - Schnecken)**
- **Acariziden (gegen Milben)**

Durch Blatt- und Stängelfraß können z. B. Ackerschnecken bei massenhaftem Vorkommen die Kulturpflanzen (z. B. Raps) empfindlich schädigen. Eine vorbeugende Behandlung der Pflanzen erfolgt beim „Beizen" oder „Inkrustieren" (Versiegeln) des Saatgutes. Chemische Schutzmittel werden auf Pflanzen und Früchten abgelagert und gefährden bzw. vernichten zahlreiche wertvolle Kleintiere und Nutzinsekten. Sie gefährden auch offene Gewässer und das Grundwasser. Bei der Verwendung von chemischen Pflanzenschutzmitteln muss eine sogenannte **Karenzzeit** (Zeitraum zwischen Ausbringung der Pflanzenschutzmittel und Verwertung der Erzeugnisse) eingehalten werden. Reste von Pflanzenschutzmitteln müssen der Sondermüllentsorgung zugeführt werden. **Achtung - auf Feldrainen dürfen keine chemischen Pflanzenschutzmittel angewandt werden!** Ausschlaggebend für den Einsatz von Pflanzenschutzmitteln ist die Rückstandshöchstmengenverordnung. Dort ist die jeweilige Höchstmenge eines Pflanzenschutzmittels in oder auf Lebensmittel pflanzlicher Herkunft festgelegt, die bei bestimmungsgemäßer und sachgerechter Anwendung jeweils zu erwarten ist. Chemische Pflanzenschutzmittel dürfen mit Sprühgeräten nur von Personen mit einem entsprechenden Sachkundenachweis ausgebracht werden.

Biologische Maßnahmen
Bei den biologischen Maßnahmen erfolgt die Bekämpfung der Schädlinge durch den gezielten Einsatz ihrer natürlichen Feinde oder durch Zucht und Einsatz unfruchtbarer Schadinsekten. Zu diesen Maßnahmen zählen z. B. Sortenwahl, gezielte Düngung, Fruchtfolge, Zucht- und Einbürgerung von Nutzinsekten und von schädlingsfeindlichen Bakterien, Viren und Pilzen.

Indirekter Pflanzenschutz

Unter kulturtechnischen Maßnahmen versteht man alle vorbeugenden Abwehrmöglichkeiten, z. B. richtige Fruchtfolge, Düngung und Saattechnik.

Unter Fruchtfolge versteht man die Reihenfolge von Nutzpflanzen, die auf einer landwirtschaftlichen Fläche im Verlauf eines Vegetationszeitraumes oder für mehrere Jahre angebaut werden.

So hat z. B. die Saattiefe großen Einfluss auf die **Bestockung** **(A)** und auf die **Wurzelbildung** **(B)**. Unter Bestockung versteht man in der Landwirtschaft die Verzweigung an der Basis von Getreidepflanzen.

Bei der Sortenwahl erfolgt eine Auswahl bestimmter Pflanzensorten, die gegen Krankheiten und Schädlinge besonders widerstandsfähig sind.

Zunehmende Beachtung finden Maßnahmen für den Schutz und die Schonung der „nützlichen" Tiere, z. B. beim Vogelschutz und beim Schutz von „Nutzinsekten". Zur Verwendung kommen deshalb auch ausschließlich nur gegen den Schädling wirksame Insektizide.

Integrierter Pflanzenschutz

Die ausgewogene Mischung von kulturtechnischen, mechanischen und biologischen Schutzmaßnahmen bei geringstmöglicher Anwendung chemischer Mittel nennt man **integrierten Pflanzenschutz (Schadschwellenprinzip)**.

Alternative Landwirtschaft (Biologischer Landbau)

In zunehmendem Maße tendiert man zum sogenannten alternativen Landbau. Die nach Stand 2011 alternativ bewirtschaftete Fläche in Deutschland betrug bereits ca. 1.015.626 ha (Quelle: bmelv 2013).

Unter dem Begriff des „Alternativen Landbaues" oder „Biologischen Landbaues" versteht man die Acker- und Grünlandbewirtschaftung mit ausschließlich wirtschaftseigenen Düngern, z. B. Kompost, Gülle, Stallmist sowie den Verzicht auf chemische Pflanzenschutzmittel (insbesondere Pestizide).

Vorteile sind z. B.:
- bei pflanzlichen und tierischen Produkten höhere Erlöspreise und höhere Unternehmenserträge,
- Anreicherung des Bodens mit belebtem Humus und bei den Erzeugnissen eine unwesentliche Rückstandsbelastung.

Nachteile sind z. B.:
- niedrigere Hektarerträge, höherer Arbeitskräfteaufwand, höhere Ausgaben für Saatgut und Energie.

Ackerbrachen - Allgemeines

In der antiken und frühmittelalterlichen Landwirtschaft war die Zweifelderwirtschaft üblich. Während auf der halben Fläche Getreide angebaut wurde, blieb die andere Hälfte brach liegen. Auch in der darauffolgenden Dreifelderwirtschaft (Wintergetreide - Sommergetreide - Brache) diente diese Maßnahme der Bodenruhe und -erholung. Gleichzeitig wurden diese Flächen als Viehweide genutzt. Wildtiergerecht begrünte Ackerbrachen sowie Ackerrandstreifenprogramme sind für Hase, Kaninchen, Fasan und Rebhuhn mit die wichtigsten Maßnahmen zur Lebensraumverbesserung.

Als es noch keine Pflanzenschutzmittel gab, galt die **Schwarzbrache** als Maßnahme zur Eindämmung von unerwünschten Ackerwildkräutern. Dazu wurde die Fläche mehrmals im Jahr gepflügt und dadurch die aufgelaufenen Ackerwildkräuter eingedämmt.

Üblich war früher die **Stoppelbrache**. Dabei wurden die Getreidestoppeln im Herbst nicht umgebrochen, sondern erst im Frühjahr. Diese Flächen waren ein wichtiger Winterlebensraum für das Niederwild. Oft wurde auf diesen Flächen entweder eine Kleeunter- oder Zwischensaat eingebracht und im nächsten Jahr konnte der Aufwuchs als Viehfutter genutzt werden. Die Stoppelbrache wird heute ebenfalls wegen ihres hohen ökologischen Wertes in verschiedenen Programmen gefördert.

Heute gibt es aus agrarpolitischer Sicht zwei Formen der Ackerbrachen:
- **ökonomische Brachen**
- **ökologische Brachen**

Ökonomische Brachen:
Dabei handelt es sich um Flächen, die aus ökonomischen Gründen (aus heutiger Sicht unwirtschaftliche Flächen, Grenzertragsböden) aus der landwirtschaftlichen Erzeugung genommen werden. Die sogenannten glöZ-Flächen (Abkürzung!) müssen von den Landwirten in „**g**uten **l**andwirtschaftlichen und **ö**kologischen **Z**ustand“ erhalten werden.

Die Einhaltung dieser Regeln ist in der **Cross Compliance Verordnung** (EU-Recht) - auch als **„anderweitige Verpflichtung“** bekannt - festgeschrieben. „Cross Compliance“ bedeutet soviel wie „Überkreuzverpflichtung“, d. h. dass der Landwirt ab dem 01.01.2005 zum Erhalt seiner Prämienzahlungen an die Einhaltung bestimmter Verpflichtungen, die systematisch kontrolliert werden, gebunden ist.

Bei dieser Verpflichtung geht es um drei Komplexe:
1. die Einhaltung von Grundanforderungen an die Betriebsführung in den Bereichen Gesundheit von Mensch, Tier und Pflanzen, Umwelt und Tierschutz
2. die Erhaltung eines guten landwirtschaftlichen und ökologischen Zustandes der Flächen und
3. die Erhaltung des Dauergrünlandes

Ökologische Brachen im Rahmen der Agrarumweltprogramme:
Diese Flächen werden von den Landwirten freiwillig nicht genutzt und sie erhalten dafür eine Entschädigung nach den Agrarumweltprogrammen. Auf den verschiedenen Formen der Brachen gelten unterschiedliche Bestimmungen und Auflagen.

Ackerbrachen - Allgemeines und Begrünung

Für landwirtschaftliche Brachflächen gelten folgende Bestimmungen:

Verboten ist z. B. ...
- **die Düngung**
- **das Ausbringen von Klärschlamm, Abwasser, Fäkalien (Gülle, Jauche)**
- **die Behandlung mit chemischen Mitteln zur Schädlingsbekämpfung**
- **die Bodenbearbeitung innerhalb bestimmter Zeiträume**
- **das Ausbringen von Pflanzenschutzmitteln**

Über die Mahd gibt es unterschiedliche Bestimmungen. So muss bei einem Auftreten von Ackerwildkräutern, welche die Nachbargrundstücke beeinträchtigen können (z. B. Ackerkratzdistel) die Fläche gemulcht werden. In der Zeit vom 01.04. bis 30.06. ist das Mähen und Mulchen verboten. Es besteht jedoch im anderen Fall derzeit keine jährliche Mulchverpflichtung, für die es jedoch Ausnahmeregelungen gibt.

Für die Begrünung stehen dem Landwirt folgende Möglichkeiten offen:

1. **Selbstbegrünung**
   Vorteil: billig
   Ackerwildkräuter sind zwar bedingt ökologisch wertvoll, jedoch ergeben sich bei dieser Form der Begrünung aus jagdlicher Sicht gravierende Nachteile.
   Derartige Flächen stellen für viele Arten und besonders für das Niederwild eine Biotopfalle dar, da diese Flächen vor dem Ausreifen der Ackerwildkräuter und damit in der Brut- und Aufzuchtszeit gemulcht werden.
2. **Einsaat mit Kleegrasgemisch,**
   das ebensfalls gemulcht wird. Jedes Mulchen zur Brut- und Aufzuchtzeit birgt die Gefahr von Jungwild- und Gelegeverlusten!
3. **Begrünung mit Zwischenfrüchten**
   wie Senf und Phacelia

Neu und in ihrer Wirkung unübertroffen ist jedoch die Einsaat mit einer Mischung von landwirtschaftlichen Nutz- und verschiedenen Wildpflanzen.

Hier hat der Jäger in Zusammenarbeit mit dem Landwirt ein wirkungsvolles Instrument zur Verbesserung der Lebensbedingungen des Wildes in der Feldflur. Für den Kauf des Saatgutes gibt es je nach Länderregelung auch Zuschüsse. Auskünfte dazu erteilen die Landwirtschaftsämter und Landesjagdverbände. Derartige Flächen bilden nach der Einsaat über mehrere Jahre einzigartige Wildlebensräume und vor allem eine gute Winterdeckung in der meist ausgeräumten Feldflur. Von der jährlichen Mulchverpflichtung kann über eine Ausnahmeregelung abgesehen werden. Ansonsten wird eine solche Fläche über mehrere Jahre nicht von landwirtschaftlichen Maschinen befahren.

Beispiel:
Mischung „Lebensraum I“ entwickelt von der Landesanstalt für Wein- und Gartenbau in Veitshöchheim:

Im ersten Jahr bilden landwirtschaftliche Nutzpflanzen wie z. B. Sonnenblumen, Buchweizen, Futtermalve, Winterwicken, aber auch Mariendistel und Fenchel den Aufwuchs. Im Schutze dieser Nutzpflanzen wachsen eine Vielzahl von Wildkräutern heran, die dann im Folgejahr den Aufwuchs bilden wie z. B. Königskerze, Rainfarn, Wilde Malve, Wilde Möhre, Nachkerze, Wilde Karde, Schafgarbe und Beifuß.

Werden für die Begrünung von Brachen ausschließlich landwirtschaftliche Kulturpflanzen verwendet, ist dies zwar billiger, aber die meisten Arten sind nur einjährig und nach kurzer Zeit entstehen dichte, artenarme Grasbestände. Bei der Schaffung von Winterdeckung im freien Feld ist zu beachten, dass die verschiedenen Pflanzen eine unterschiedliche Standfestigkeit haben.

Ackerbrachen und Begrünung

Der nicht abgeerntete Maisstreifen hat in vielen Revieren schon Tradition als Winterdeckung. Allerdings kann der Mais nicht in Mischungen angebaut werden (Konkurrenzdruck!).

Bei den Nutzpflanzen eignen sich in erster Linie

- **Senf**
- **Sonnenblumen**
- **Winterraps** (bei früher Aussaat), aber auch z. B.
- **Fenchel**

als Deckungspflanzen mit guter Standfestigkeit im Winter. Weniger geeignet sind Rotklee, Buchweizen und Phacelia.

Werden für Einsaaten Wildpflanzen verwendet, bieten folgende Arten Sichtschutz und hohe Standfestigkeit über den Winter:

- **Wilde Karde**
- **Nachtkerze**
- **Königskerze**
- **Wilde Möhre**
- **Beifuß**
- **Rainfarn**
- **Wegwarte**

Fotos links von oben nach unten:
Mischung „Lebensraum I" im ersten Sommer
Mischung „Lebensraum I" im zweiten Sommer
Wilde Möhre
Rote Lichtnelke
Foto unten rechts:
Mischung „Lebensraum I" im zweiten Winter

Greening - Ökologische Vorrangflächen

Kerninhalt des Greenings innerhalb der Agrarreform ist die Einrichtung von Ökologischen Vorrangflächen auf Äckern. Gefördert werden sollen zum Beispiel Feldhecken, Saum- oder Blühstreifen sowie Pufferstreifen an Gewässern. Damit will die EU den **massiven Rückgang der Artenvielfalt in der Feldflur stoppen**. Besonders die Bestände von Feldvögeln, Wildbienen und Wildkräutern befinden sich in einem beispiellosen Rückgang.

Verpflichtend ist das Greening für alle Landwirte, die die Direktzahlungen der EU in 2015 beantragen, diese setzen sich zusammen aus der Basisprämie, der Umverteilungsprämie und der Greeeningprämie (ca. 87 Euro bundeseinheitlicher Prämiensatz - kein Greening folglich weniger Prämie geht nicht). Ausgenommen vom Greening sind Landwirte nur wenn sie unter die Kleinerzeugerregelung fallen, weil sie weniger als 15 Hektar bewirtschaften, und Betriebe des ökologischen Landbaues sowie Betriebe die ausschließlich auf Dauerkulturen wie Hopfen, Obst und Wein wirtschaften.

Das Greening beinhaltet den Erhalt der Dauergrünlandflächen wie z. B. Weiden und Wiesen, die Anbaudiversifizierung, die zu einer Erhöhung der Fruchtartenvielfalt bei den Ackerkulturen führen soll, und die Bereitstellung von 5 % ökologischen Vorrangflächen (övF) auf Ackerland. 2017 könnte auf 7 % (nach Überprüfung) erhöht werden.

Die Bereitstellung von Ökologische Vorrangflächen kann bei unterschiedlichen Gewichtungsfaktoren erfolgen durch z. B. brachliegende Flächen, Flächen mit stickstoffbindenden Pflanzen, Zwischenfruchtanbau, Pufferstreifen an Gewässern oder Waldrändern. Landschaftselemente wie Hecken, Knicks, Feldgehölze, Einzelbäume unter anderem können wenn sie im Zusammenhang mit der Fläche stehen mit angerechnet werden.

Gewichtungsfaktoren für verschiedene Kategorien von ökologischen Vorrangflächen:

Kategorie:	Gewichtungsfaktor:
Brachliegende Fläche	1,0
Terrassen	1,0
Landschaftselemente *)	
Hecken und Knicks (unter CC-Schutz)	2,0
Einzelbäume (unter CC-Schutz)	1,5
Baumreihen (unter CC-Schutz)	2,0
Feldgehölze (unter CC-Schutz)	1,5
Feldraine (unter CC-Schutz)	1,5
Sonstige Landschaftselemente (unter CC-Schutz, z. B. Lesesteinwälle)	1,0
Feldränder (nicht unter CC-Schutz)	1,5

Kategorie:	Gewichtungsfaktor:
Pufferstreifen an Gewässer	1,5
Streifen beihilfefähiger Flächen entlang von Waldrändern	1,5
Agroforstflächen	1,0
Flächen mit Niederwald mit Kurzumtrieb	0,3
Aufforstungsflächen	1,0
Flächen mit Zwischenfruchtanbau oder Gründecke	0,3
Flächen mit stickstoffbindenden Pflanzen	0,7

*) Für Gräben gilt ein Gewichtungsfaktor von 2,0. Dieses Landschaftselement wird voraussichtlich nur in einzelnen Bundesländern unter Cross Compliance geschützt und kann nur dort als ökologische Vorrangfläche ausgewiesen werden.

Quelle: http://www.bmel.de/DE/Landwirtschaft/Agrarpolitik/Texte/GAP-FAQs.html

Agrarumweltmaßnahmen (AUM) und Vertragsnaturschutzprogramme (VNP) der Länder

Die Bundesländer haben in verschiedener Weise Programme aufgelegt, die entweder der Reinhaltung der Gewässer oder des Grundwassers dienen oder geeignet sind, natürliche Restflächen und deren vom Aussterben bedrohte Pflanzen und Tiere zu erhalten. Durch Vernetzung dieser natürlichen Flächen sollen außerdem diese Arten gefördert und ihre Ausbreitung gesichert werden. Empfohlen wird die Internetseite www.lebensraum-brache.de.

Beispiele in Bayern:

- **Naturerbe Bayerische Landschaft**
- **Förderprogramm Biotopverbesserungsmaßnahmen des Bayerischen Jagdverbandes e. V. (BJV)**
- **Artenschutzprogramm des Bayerischen Jagdverbandes e. V. (BJV)**
- **Bayerischer Kulturlandschaftsprogramm (KULAP)** Maßnahmenübersicht 2013
- **Bayerisches Vertragsnaturschutzprogramm (VNP / EA)** Verpflichtungszeitraum 2013 - 2017

Naturlandstiftungen, Wildlandgesellschaften

Nahezu in allen Bundesländern haben die Jägerschaften Einrichtungen zur Pflege und Erhaltung der frei lebenden Tierwelt geschaffen. Unter diesen Einrichtungen verstehen wir z. B. **Naturlandstiftungen** und **Wildlandgesellschaften**.

Die Finanzierung erfolgt durch Eigenmittel, Mittel der Jagdabgabe, aus Spenden und Bußgeldern. Diese Stiftungen und Gesellschaften haben sich unter anderem zur Aufgabe gemacht, Flächen anzukaufen oder dauernd zu pachten, die in besonderer Weise geeignet sind, die Lebensbedingungen der Wildtiere z. B. durch Erhaltung, Pflege oder Wiederherstellung wertvoller Biotope oder durch Neuanlage von Hecken, Feldgehölzen usw. zu verbessern.

Beispiel Bayern
Flurbereinigung und Verwaltung für ländliche Entwicklung

Die frühere Flurbereinigung soll durch eine sinnvolle Neuordnung des ländlichen Grundbesitzes und der entsprechenden Anlagen eine standort-, markt- und umweltgerechte bäuerliche Agrarstruktur bringen. Viele der früheren Flurbereinigungsverfahren brachten für eine Vielzahl von Tier- und Pflanzenarten meist negative Veränderungen der Lebensräume mit sich. So wurden z. B. Hecken gerodet, Bäche begradigt oder verrohrt und durch Besitzzusammenführungen große Bewirtschaftungseinheiten geschaffen.

Die Flurbereinigung wurde inzwischen durch die „Verwaltung für ländliche Entwicklung" abgelöst.

Aufgabenstellung und Zielsetzung dieser Verwaltung beruhen auf dem Flurbereinigungsgesetz (FlurbG) und dem Gesetz zur Ausführung des Flurbereinigungsgesetzes.

In einem Programm für Dorf und Landschaft sind die Ziele wie folgt zusammengefasst:
- Zeit- und Kosteneinsparung in der bäuerlichen Land- und Forstwirtschaft
- Erhaltung und Gestalten der Kulturlandschaft durch Förderung der Ziele des Naturschutzes und der Landschaftspflege
- Förderung der Landentwicklung, Unterstützung der Infrastruktur und Sicherung von Arbeitsplätzen
- aktive Beteiligung der Bürger und Grundeigentümer bei Planungen und Entscheidungen

Aufgrund dieser Ziele ergeben sich folgende Aufgaben:
- sinnvolle Neuordnung des Grundeigentums nach modernen betriebswirtschaftlichen Grundsätzen einschließlich Planung und Ausführung bedarfs- und landschaftsgerechter Straßen und Wege
- naturnahe Durchführung wasserwirtschaftlicher Maßnahmen
- Sicherung vorhandener Biotope, nach Möglichkeit Aufbau eines Biotopverbundsystems
- Erhaltung und Neuanlage von Hecken, Rainen, Bäumen und Feldgehölzen
- Schutz des Bodens und des Wassers durch entsprechende Linienführung der Wege, hangparallele Bodennutzung und Vereinbarung von Nutzungsregelungen
  Weitere Aufgaben betreffen z. B.
- Flächenbereitstellungen für kommunale Belange, Dorferneuerungsplanungen usw.

Zur Schaffung einer wildbiologisch intakten Landschaft ist es erstrebenswert, alle Lebensräume in ein funktionierendes, flächendeckendes Ökosystem einzubinden.

Jagdschaden und Wildschaden

Bei den Schäden im Landbau unterscheidet man grundsätzlich zwischen

Jagdschäden	**Wildschäden**
Hierunter versteht man Schäden an **Grundstücken**, die bei der Jagdausübung entstanden sind, z. B. beim Bergen von erlegtem Schalenwild aus Getreidefeldern (Schleifspur) oder beim Befahren von bestellten Äckern durch den Jäger.	Hierunter versteht man alle Schäden an **land- und forstwirtschaftlichen Kulturen**, die durch Wild verursacht wurden.

Wildschäden - Ursache und tragbare Wilddichte

Schwarzwildschaden auf Wiese (Grünland)

Schalenwildschaden in Weizenfeld

Rot- oder Schwarzwildschaden an Kartoffeln

Im weiteren Sinn zählen zu den Wildschäden auch Schäden an **Hausgeflügel**, z. B. durch Fuchs, Steinmarder, Iltis und Hermelin. In der **Fischerei** entstehen Schäden durch Kormoran und Graureiher. Auch der Höckerschwan ist in diesem Zusammenhang zu erwähnen. Zusätzlich kann diese Wildart bei Überbesatz die Ufervegetation von Gewässern zerstören. Erhebliche Schäden kann auch der Biber verursachen. Da er aber nicht zum Wild zählt, fallen diese Schäden nicht unter den Begriff „Wildschäden".

Wild verursacht Schäden an landwirtschaftlichen Kulturen durch **Nahrungssuche**, **Umherziehen** und **Lagern**.

Die Wildschäden können z. B. bei folgenden landwirtschaftlichen Kulturen auftreten:

- Halmfrüchten und Mais
- Hackfrüchten
- Feldfutterpflanzen und Grünland
- Ölfrüchten

Betroffen sind auch oft sogenannte Sonderkulturen wie

- Obstplantagen und Weinberge
- Gemüse und andere hochwertige Handelsgewächse

Im Vordergrund der Bemühungen des Jägers muss die **Wildschadensverhütung** stehen. Wichtigste Maßnahme ist die **Herstellung einer tragbaren Wilddichte**.

Zahlenmäßige Festlegungen einer tragbaren Wilddichte lassen sich allenfalls für Rot-, Dam-, Muffelwild vornehmen. Für diese Wildarten wird die tragbare Wilddichte von der Jagdbehörde festgelegt.

Leben in einem Biotop mehrere Schalenwildarten und stehen diese zueinander in Äsungskonkurrenz, dann hat dies immer Einfluss auf die tragbare Wilddichte.

Gesetzliche Grundlagen zur Wildschadensregulierung

Gesetzliche Grundlagen zur Wildschadensregulierung sind §§ 26 - 35 BJG und insbesondere die jeweiligen **Landesverordnungen**.

Das Bundesjagdgesetz bestimmt (§ 29 Abs.1):
Wildschaden ist zu ersetzen, wenn er durch **Schalenwild, Wildkaninchen** und **Fasan** an Grundstücken oder getrennten, aber noch nicht eingeernteten Erzeugnissen verursacht wurde. Diese Ersatzpflicht kann durch die **Landesjagdgesetze (Verordnungen)** auf weitere Wildarten ausgedehnt werden.

Nicht ersatzpflichtig sind z. B. Schäden

- in Haus- und Obstgärten,
- in Weinbergen (Ländergesetze beachten!),
- an Freilandpflanzungen von Garten- und hochwertigen Handelsgewächsen (z. B. Schnittblumen), wenn die Herstellung der üblichen Schutzvorrichtungen unterblieben ist, die unter gewöhnlichen Umständen zur Abwendung des Wildschadens ausreichen.
- Kartoffel- und Rübenmieten
- Bienenstöcken (durch Schwarzwild)
- Hausgeflügel (Fuchs, Habicht)

Ersatzpflichtig im Schadensfall ist zunächst die **Jagdgenossenschaft**. Fast immer aber wird ein Wildschaden vertraglich auf den Pächter übertragen. In manchen Bundesländern wurden auch **Wildschadensausgleichskassen** eingerichtet. Dabei haben sich angrenzende Reviere (z. B. Hegegemeinschaften) mit dem Ziel zusammengeschlossen, anfallende Wildschäden über Umlagezahlungen der Pächter und Verpächter zu ersetzen. Nach § 35 BJG in Verbindung mit den entsprechenden Verordnungen der Bundesländer erlangt der Geschädigte den Ersatz von Wildschaden durch das **gemeindliche Verfahren**. Das Vorverfahren ist Klagevoraussetzung für weitere **gerichtliche Nachverfahren**.

Schadensmeldung, Vorverfahren, Nachverfahren

Entstandener Wildschaden, z. B. an Feldfrüchten aller Art, ist vom Geschädigten grundsätzlich innerhalb einer **Frist von einer Woche** bei der zuständigen Gemeinde anzumelden. Hierbei handelt es sich um eine sogenannte **Ausschlussfrist**. Nach der fristgerechten Anmeldung hat die Gemeinde einen unverzüglichen Besichtigungstermin anzusetzen. Zu laden sind hierzu der Geschädigte und der / die Ersatzpflichtigen.

Bei der Besichtigung ist folgender Verlauf möglich:
Geschädigter und Ersatzpflichtiger einigen sich über die Schadenshöhe, man spricht von einer **gütlichen Einigung**. Kommt eine solche Einigung nicht zustande, erfolgt eine **amtliche Abschätzung** durch eine Schätzkommission.
Diese setzt sich zusammen aus ...

- **dem Geschädigten**
- **dem (den) Ersatzpflichtigen**
- **dem amtlichen Schätzer**
- **dem Vertreter der Gemeinde / Sitz**

Fortlaufende Wildschäden müssen auch fortlaufend jeweils innerhalb einer Anmeldefrist von einer Woche erneut angemeldet werden. Kommt es bei Vorverfahren und Ortsterminen zu keiner Einigung, ergeht ein Vorbescheid-Erlass mit Kostenentscheidung und -verteilung. Hiergegen kann innerhalb von zwei Wochen zwecks Nachverfahren (Amtsgericht) Klage erhoben werden. Im Rahmen einer **privatrechtlichen Vereinbarung** kann ein Jagdpächter auch zur Entschädigung von anderen Wildschäden verpflichtet werden, z. B. bei Hasenverbiss (Obstbäume) oder sonstigen hochwertigen Handelsgewächsen, z. B. Hopfen, Wein usw. oder bei Wildschäden wie z. B. durch Dachse im Maisfeld. Bei einer Vielzahl von Schäden lässt sich die endgültige Schadenshöhe erst **kurz vor der Ernte bzw. bei der Ernte** feststellen. Hierbei gilt der sogenannte **Vorschätztermin zur Beweissicherung**.

Maßnahmen zur Wildschadensverhütung

Neben einer verschärften Bejagung auf den wildschadensgefährdeten Flächen (z. B. Maisfeldern) wird bei den Maßnahmen zur Wildschadensverhütung im Feld unterschieden zwischen ...

direkten Maßnahmen

Hierunter versteht man den Einsatz aller

- **akustischen Abwehrmittel**
  z. B. Knallapparate, Warnschüsse
- **optischen Abwehrmittel**
  z. B. Scheuchen, Düngersäcke auf Pfählen, Blinkleuchten, Attrappen
- **chemischen Abwehrmittel**
  z. B. im Handel erhältliche Verstärkungsmittel, Verbissschutzmittel, Beizmittel (gegen Vogelfraß)
- **biologischen Abwehrmittel**
  z. B. Hunde- und Menschenhaare
- **mechanischen Abwehrmittel**
  z. B. Wildzäune, Elektrozäune, Stolperdrähte.

Mit Ausnahme der mechanischen Abwehrmittel (z. B. Wild- und Elektrozäune) haben diese Mittel nur eine beschränkt lange Wirkung. Gegebenenfalls muss nach einiger Zeit zum Erhalt der Wirkung mit den Maßnahmen gewechselt werden.

indirekten Maßnahmen

Hierunter versteht man neben dem

- **Herstellen einer angepassten Wilddichte**
  beim Schwarzwild z. B. auch durch Verbesserung der Sozialstrukturen
- insbesondere alle Maßnahmen zur **Verbesserung des Äsungsangebotes**
  z. B. durch Anlage von Wildäsungsflächen (z. B. Wildwiesen und Wildäcker), Verbissgehölzen

Zur Verringerung von Schäden durch Schwarzwild zählt hierzu auch die Ablenkfütterung im Wald. Weitere Einzelheiten folgen im Fachteil „Hege“.

Besonders gefährdet sind Felder, die auf einer oder mehreren Seiten am Wald angrenzen, so dass die einwechselnden Sauen auch nicht bejagt werden können. In diesen Fällen hilft nur die Einzäunung (Strom oder Maschendraht, Baustahlgeflecht). Für Schwarzwild sollte bei Elektrozäunen der Drahtabstand vom Erdboden ca. 20, 40 und 60 cm betragen. Für andere Wildarten entsprechend höher. Die stromführenden Drähte dürfen keinen Erdkontakt, auch nicht indirekt über hochgewachsene Pflanzen haben. Für große Felder müssen die Geräte über eine entsprechende Leistung verfügen.

Grenzen Maisfelder an Wald oder sonstige Deckung ist die Wildschadensverhütung besonders schwierig. Die Bejagung wird erleichtert, wenn Schussschneisen in den Mais gehäkselt werden (siehe Bild).

Eine andere Möglichkeit ist die Anlage von Schussschneisen bereits bei der Saat. So können derartige Streifen z. B. mir Sommergerste eingesät werden. Zur Reifezeit des Maises wird dann dieser Gerstenstreifen geerntet. Das helle Stroh erleichtert die Bejagung der ein- oder auswechselnden Sauen.

Möglich wäre auch die Einsaat eines Grasgemisches oder ähnliches, welches dann gemulcht wird.

Maßnahmen zur Wildschadensverhütung

Keinen 100 %igen Schutz vor Wildschäden durch Fasane und Rabenkrähen bietet das Anwalzen der Saat. Jedoch führt dieses Verfahren in der Regel zu einer Verminderung des Schadens.

Sogenannte „Erntejagden" erfordern eine genaue Planung und disziplinierte Schützen.

Fragen zur Wiederholung

Die Fragen zur Wiederholung sind angelehnt an die Fragestellung der mündlichen Prüfung, in welcher oft übergeordnete Zusammenhänge abgefragt werden. Die Lösungen finden Sie in den voranstehenden Kapiteln 9 bis 11.

Was versteht man unter Pflanzenschutz?

Welche Möglichkeiten des Pflanzenschutzes gibt es?

Welche Bedeutung haben Brachflächen für den Jäger?

Welche Programme gibt es in Ihrem Bundesland zur Verbesserung der Lebensbedingungen der frei lebenden Tierwelt?

Erklären Sie den Unterschied zwischen Wild- und Jagdschaden.

Welche verschiedenen Maßnahmen zur Wildschadensverhütung gibt es?

Welche Wildarten verursachen Schäden beim Maisanbau?

Erklären Sie den Verfahrensweg bei einem ersatzpflichtigen Wildschaden, wenn es zwischen den Beteiligten zu keiner gütlichen Einigung gekommen ist.

Den kostenlosen Heintges-Thementest
„Anbauformen bis Wildschäden im Landbau"
finden Sie im Internet unter www.jagdtrainer.de

Übersicht der häufigsten Wildschäden an landwirtschaftlichen Kulturen

Kulturart:	Schadenverursachende Wildarten: Rotwild / Damwild	Rehwild	Schwarzwild	Hase	Kaninchen	Fasan	Wildgänse	Ringeltauben	Dachs	Art des Schadens:
Getreide			■			(■)	■	■		Äsen des Saatgutes
						■				Herausziehen von Keimlingen
	■	■		■	■		■			Beäsen der Saat
	■	■	■	(■)	(■)	(■)		■		Beäsen der Ähren*)
	■	■	■							Lagerschäden
Mais	■		■			■			■	Beäsen der Kolben
			■			■	■	■		Äsen des Saatgutes
						■				Herausziehen von Jungpflanzen
Kartoffeln	■		■							Herausschlagen bzw. Brechen von Knollen
Rüben	■	(■)		■	■					Beäsen und ggf. Herausziehen der Rüben
Raps	■	■		■	■		■			Beäsen der Jungpflanzen im Herbst und Winter
	■		■							Lagerschäden
Grünland (Feldfutterbau)	■						■			Abäsen
			■						■	Aufbrechen der Grasnarbe**)
Gemüse	■	■		■	■	■	■	■		Verbiss, Abäsen
							■	■		Verkoten
Obstkulturen	■	■								Fege-, Verbiss- und Schälschäden
				■	■					Verbiss- und Schälschäden
Weinbau		■								Beäsen
				■	■					Verbiss- und Nageschäden
			■			■				Abäsen der Trauben
lt. BJagdG ersatzpflichtige Wildschäden verursachen	■	■	■		■	■				Diese Ersatzpflicht kann durch Landesverordnungen auf weitere Wildarten ausgedehnt werden.

*) durch Tauben hauptsächlich bei Lagerfrucht von Weizen, Triticale, Roggen

**) Auf Mähweiden lassen sich im Herbst mögliche Schwarzwildschäden deutlich verringern, wenn ein Pflegeschnitt durchgeführt wird und die Kuhfladen gleichmäßig verteilt werden. Kleinflächige, nicht tiefgehende Wühlschäden durch Sauen werden repariert, indem man die Grassoden möglichst sofort zurückdreht und festtritt.

Gesetzliche Grundlagen zum Waldbau

Bundeswaldgesetz - § 1 Gesetzeszweck *(Auszug)*

Zweck dieses Gesetzes ist insbesondere,

1. *den Wald wegen seines wirtschaftlichen Nutzens (Nutzfunktion) und wegen seiner Bedeutung für die Umwelt, insbesondere für die dauernde Leistungsfähigkeit des Naturhaushaltes, das Klima, den Wasserhaushalt, die Reinhaltung der Luft, die Bodenfruchtbarkeit, das Landschaftsbild, die Agrar- und Infrastruktur und die Erholung der Bevölkerung (Schutz- und Erholungsfunktion) zu erhalten, erforderlichenfalls zu mehren und seine ordnungsgemäße Bewirtschaftung nachhaltig zu sichern,*
2. *die Forstwirtschaft zu fördern und*
3. *einen Ausgleich zwischen dem Interesse der Allgemeinheit und den Belangen der Waldbesitzer herbeizuführen.*

Von Wald spricht man, wenn eine Anzahl von Bäumen durch Schaffung eines Eigenklimas eine Lebensgemeinschaft bildet. Jeder Standort hat seine spezifischen Baumarten. Standort und wirtschaftliche Zielsetzung bestimmen die jeweiligen Hauptbaumarten.

Bezüglich des Begriffes „Hauptbaumarten“ gibt es verschiedene Definitionen:
Hauptbaumarten in Mischwäldern sind die Baumarten, die den Hauptbestand bilden, also abhängig von Boden und Klima den höchsten Anteil haben, die Kronen im Licht haben, die anderen Baumarten beeinflussen (gegebenenfalls unterdrücken).
Hauptbaumarten im Wirtschaftswald sind die Baumarten, die der Waldbesitzer zu Lasten der anderen Baumarten fördert.
In früherer Zeit war der größte Teil Deutschlands von mehr oder weniger undurchdringlichen Urwäldern bedeckt. Aus Gründen der Holznutzung, Siedlungsraum- und Ackerlandgewinnung wurden diese vom Menschen lange Zeit raubbaumäßig gerodet. Erst im 15. - 16. Jahrhundert kam es durch die Landesherren zu ersten Forstordnungen - anfangs aus jagdlichen Gründen. Der Raubbau wurde abgelöst durch eine geregelte Forstwirtschaft. **Aus Urwald entstand Wirtschaftswald (Forst).** Die wichtigsten Produktionsfaktoren eines Waldes sind **Klima** und **Boden**. Über Zuwachs und Holzertrag entscheiden hauptsächlich die Bodenfruchtbarkeit und die Waldpflege. Gesetzliche Grundlage zum Waldbau ist das **Bundeswaldgesetz** (Rahmengesetz) in Verbindung mit den einzelnen **Landeswaldgesetzen**. Heute entfallen von der gesamten Bodenfläche in Deutschland auf Waldflächen noch ca. 30 %. Hauptanteil am Wald haben mit ca. 70 % hierbei die Nadelbaumarten.

Eigentumsverhältnisse in Deutschland:
Die gesamte Waldfläche beträgt zur Zeit in Deutschland ca. 10,7 Millionen ha.
Davon entfallen anteilig auf ...

- Staatswald der Länder ca. 29 %
- Körperschaftswald ca. 29 %
- Privatwald ca. 44 %
- Treuhandwald ca. 4 %
- Bundeswald (Truppenübungsplätzen) ca. 4 %

Den höchsten Waldanteil mit ca. 44 % hat derzeit Hessen, den geringsten Anteil mit ca. 12 % Landesfläche hat Schleswig-Holstein.

Die Lehre vom Waldbau

Die Lehre vom Waldbau vermittelt das Wissen, unter Berücksichtigung der jeweiligen Standortmöglichkeiten, wertvolle und gesunde Waldbestände heranzuziehen und nachhaltig zu bewirtschaften.

Privatwaldförderung

In fast allen Bundesländern haben sich die Privatwaldbesitzer, meist Kleinprivatwaldbesitzer, zu Forstbetriebsgemeinschaften (Waldbauernvereinigungen) zusammengefunden.

Ziele dieser Zusammenschlüsse sind:
- bessere Holzvermarktung
- gemeinsamer Bau und Unterhalt von Waldwegen
- überbetrieblicher Maschineneinsatz
- gemeinsamer Ankauf, z. B. von Forstpflanzen, Zaunmaterial usw.
- Fortbildung und Beratung der Waldbesitzer

Der Staat und auch die EU unterstützen den Privatwald durch die Vergabe von Fördermitteln.

Grundsätze der Förderung des Privat- und Körperschaftswaldes:
Da der Wald Gegenstand öffentlichen Interesses ist, werden Maßnahmen gefördert, die der Nutz-, Schutz- und Erholungsfunktion der Wälder dienen und die Arbeits- und Absatzbedingungen in der Forstwirtschaft verbessern helfen. Kern dieser Förderung sind Mittel, die im Rahmen der Gemeinschaftsaufgabe **„Verbesserung der Agrarstruktur und des Küstenschutzes“** sowie des gemeinschaftlichen Förderkonzeptes der EU für die Bundesländer durch den Bund und die Länder unter Beteiligung der EU zur Verfügung gestellt werden.

Im Einzelnen können z. B. gefördert werden:
- Erstaufforstungen
- Umbau in standortgerechte Hochwälder
- Jungbestandspflege, Astung
- Maßnahmen aufgrund neuartiger Waldschäden, z. B. Bodenschutzdüngung
- forstwirtschaftlicher Wegebau

Gesunde Mischwälder garantieren Stabilität gegen die verschiedensten Schadenseinflüsse des Waldes.

Aufbau der Bäume

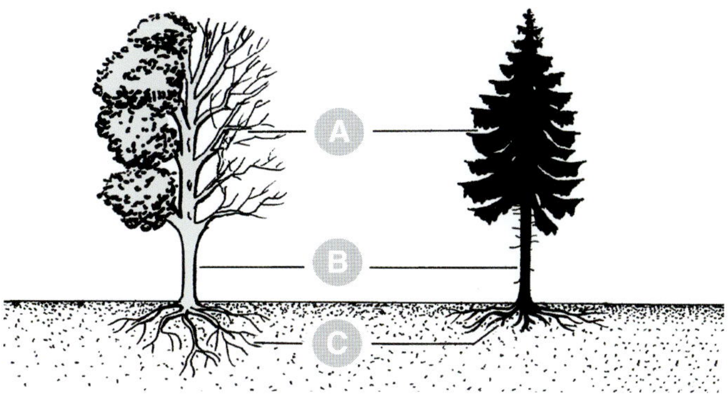

Alle unsere Bäume gehören zu den Samen- oder Sprosspflanzen. Auch sie bestehen aus den drei Hauptteilen:

- **Spross und Stängel**
- **Blatt bzw. Nadel**
- **Wurzel**

Die wichtigsten Baumabschnitte sind:

A **Krone** mit Ästen, Zweigen und Blattwerk
B **Stamm**
C **Wurzel**

Krone

Die Krone mit ihren Ästen und Zweigen ist Träger des Blattwerkes bzw. der Nadeln und sorgt für die lebenswichtigen Funktionen des Baumes wie z. B.

- **Verdunstung**
- **Photosynthese und Assimilation**
- **Atmung und Dissimilation**

Je ausgeprägter und größer die Krone eines Baumes ist, umso

- **stärker ist die Verdunstung**
- **vermehrter ist die Nährstoffaufnahme**
- **stärker ist das Holzwachstum**

Stamm

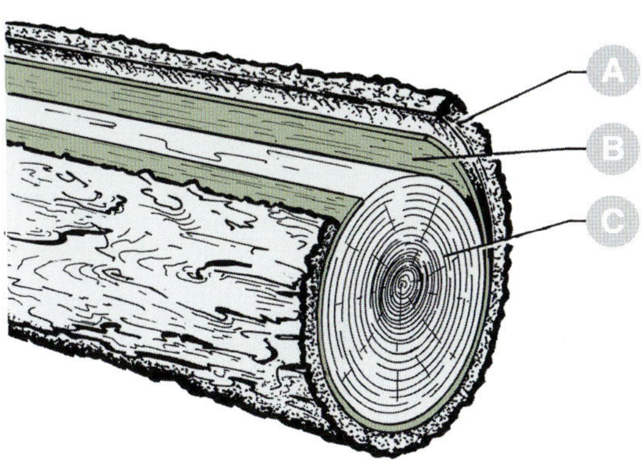

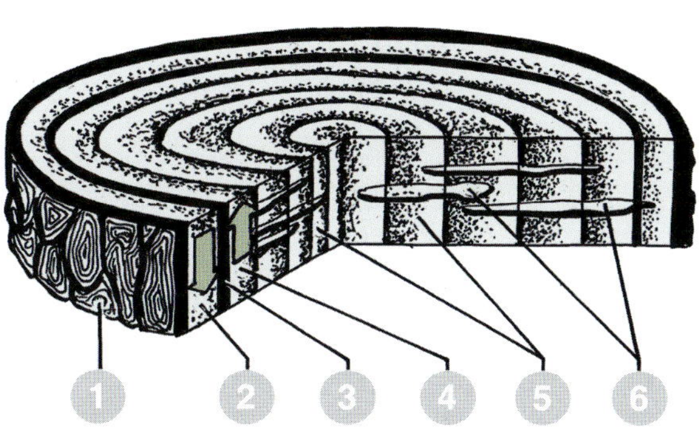

Der Baumstamm baut sich ringförmig auf aus
A **Rinde**
B **Kambium** und
C **Holz**

Die Rinde besteht aus der
1 **Borke**
(= abgestorbener Teil, unterschiedlich dick, Schutzfunktion)
2 **Bast mit Siebröhren**
(= lebender Teil, Nährstofftransport).

Beim Kambium handelt es sich um die dünne
3 **Wachstumszone** zwischen Borke und Holz.
Sie bildet nach innen und außen neue Zellen. Das eigentliche Holz besteht aus
4 **Splintholz** (feine Leitungs- und Speichersysteme, Nährstofftransport) und
5 **Kernholz** (bildet die harte Stütze des Stammes)

Manche Baumarten bilden später einen sogenannten „Kern" mit eingelagerten Stoffen zur Erhöhung der Dauerhaftigkeit des Holzes aus. Dieser Kern ist meist anders gefärbt als das Splintholz.

Im Splintholz (4) und Kernholz (5) sorgen zusätzliche
6 **Markstrahlen** für den radialen Nährstofftransport und -speicher.

Wurzeln

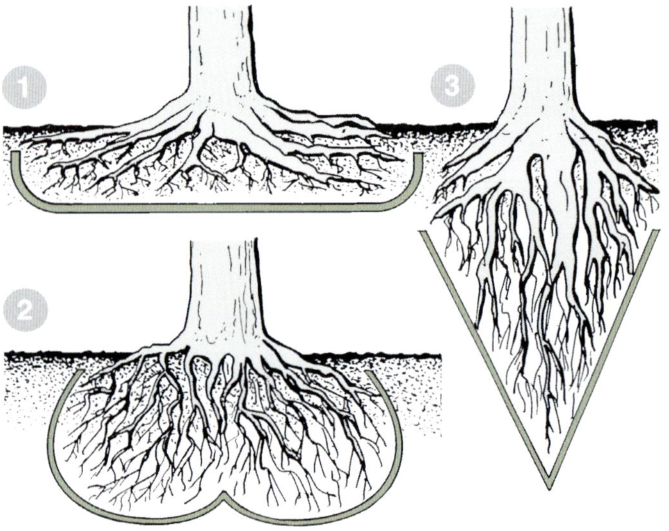

Die Wurzeln dienen dem Baum zur Verankerung im Boden und versorgen ihn über Fein- und Hauptwurzeln mit Wasser und Nährstoffen. Je nach Baumart unterscheidet man verschiedene Wurzelsysteme mit unterschiedlicher Tiefe und Breite.

Die wichtigsten Wurzelsysteme:

1 Tellerwurzel (Flachwurzler)
z. B. bei Fichten (windwurfgefährdet)

2 Herzwurzel
z. B. bei Buchen, Douglasie (relativ standfest)

3 Pfahlwurzel (Tiefwurzler)
z. B. bei Tanne, Kiefer, Eiche (in der Jugend Pfahlwurzel, später Herzwurzel und sehr standfest)
Alle Pfahlwurzler wirken sich positiv auf die Stabilität von Waldbeständen gegen Windwurf aus.

Abweichende Ausformungen und Veränderungen der Wurzeln sind je nach Standort möglich.

Wachstum und Altersbestimmung

A Altersbestimmung am Beispiel junger Kiefern

2. Jahr

5. Jahr

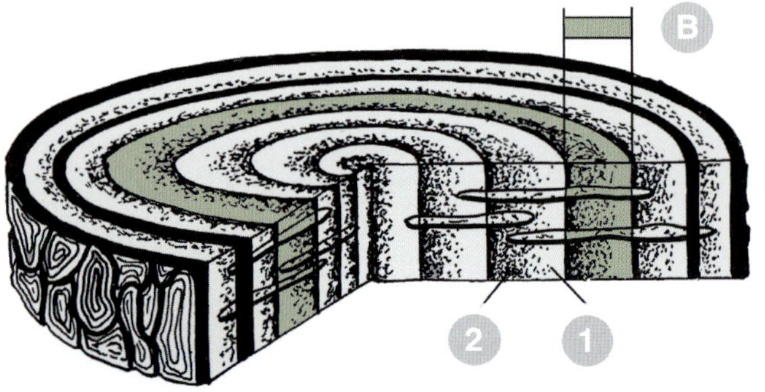

Jede Pflanze wächst durch Zellteilung und Streckung in ihren Wachstumszonen. Bei den Bäumen unterscheidet man zwischen **Längenwachstum** und **Dickenwachstum**.

Das Wachstum ist bei Laub- und Nadelbäumen artbedingt unterschiedlich. Bei Nadelbäumen wächst z. B. jährlich aus den endständigen Knospen ein **neuer Astquirl (Stockwerk)**.

Man erkennt bei jungen Nadelbäumen das Alter durch
A Zählen der Stockwerke.

Alte Bäume werfen ihre älteren Seitenzweige ab. Hier erfolgt die Altersbestimmung nach dem Fällen an der Schnittfläche durch
B Zählen der Jahresringe (Altersringe).

Die Jahres- oder Altersringe entstehen beim Dickenwachstum. Dieses erfolgt über das Jahr verteilt ungleichmäßig.

Im Frühjahr (Mai / Juni) bildet sich durch reichliche Wasser- und Nährsalzzufuhr in der Regel
1 helles Holz.
Im Sommer (Juli / August) bildet sich bei geringerer Wasser- und Nährsalzzufuhr in der Regel
2 dunkleres Spätholz.
Jahresringe bestehen jeweils aus Früh- und Spätholz.

Der Wald als Lebensraum (Stockwerke)

Beim Biotop (Lebensraum) Wald unterscheidet man verschiedene Stockwerke.

Die wichtigsten Stockwerke:
1 **Baumschicht**
2 **Strauchschicht**
3 **Krautschicht**
4 **Moosschicht**
5 **Wurzelschicht**

Jedes dieser „Stockwerke" bietet einer Vielzahl von Tieren und Kleinstlebewesen Nahrung, Brutraum, Schutzraum.

Das Ökosystem Wald ist eine Gemeinschaft aus Pflanzen und Tieren. Zum Ökosystem Wald gehören neben den Bäumen, Sträuchern und Bodenpflanzen ebenso **Vögel, Säugetiere, Insekten** und alle **sonstigen Lebewesen im Wurzelraum (Boden)**.

Waldränder

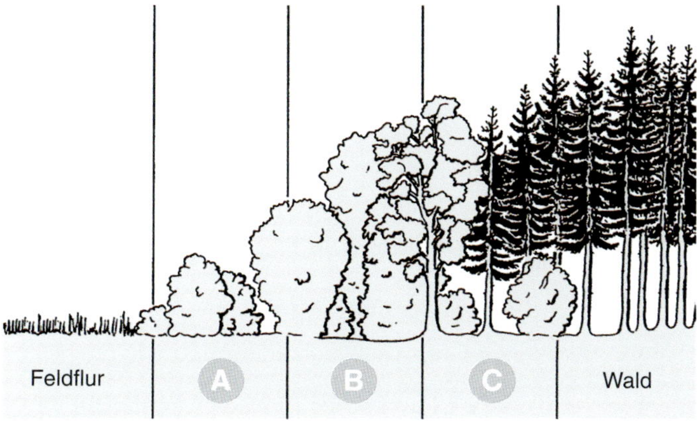

Waldränder sind typische Übergangsbereiche zweier verschiedener Lebensräume. Ein guter Waldrand geht allmählich in den Bestand über. Naturnahe Waldränder sind stufig aufgebaut.

Der Waldrand beginnt mit einer
A **3 - 5 m tiefen Strauchzone**.
Es folgen gleitend ineinander übergehend die
B **Baum-Strauchzone**
mit vergleichsweise niedrig wachsenden einzelnen Bäumen und die
C **Baumzone**
mit Bäumen unterschiedlicher Höhe.

Waldränder sorgen für Windruhe und schützen vor Austrocknung. Sie bieten dem Wild **Deckung** und vielfältige **Äsung** sowie vielen Vögeln **Nahrung** und **Brutgelegenheiten**.

Funktionen des Waldes

Der Wald erfüllt im Naturhaushalt vielgestaltige Funktionen. Allgemein unterscheidet man zwischen **Nutzfunktionen, Schutzfunktionen, Erholungsfunktionen** und **Sonderfunktionen**. Der Wald hat von allen bewirtschafteten Ökosystemen in unserer Landschaft die höchsten Natürlichkeitsgrade.

Nutzfunktionen des Waldes

Zu den Nutzfunktionen des Waldes zählt hauptsächlich seine Nutzung als **Rohstofflieferant**.

Holz ist der wichtigste heimische nachwachsende Rohstoff.

Der jährliche Holzeinschlag beträgt zusammen ca. 3 - 10 m^3 pro ha Wald. Der Wald liefert uns mit seinen Bäumen Nutzholz und Brennholz.

Sägewerksbetrieb in Oberfranken

Der Holzanfall wird z. B. wie folgt verwendet:

Holzanfall (Holzart):	**Verwendungsmöglichkeit:**
Stammholz (meist von Nadelbäumen)	- Sägeholz (z. B. für Balken, Bretter, Kanthölzer) - Masten
Sägerestholz (Holzabfälle)	- Span- und Faserplatten - Brennholz
Schwachholz bis 3 m Länge	- Zellstoffgewinnung für Papierherstellung (Buche, Fichte) - Zellstoffgewinnung für Pappenherstellung (Kiefer)
wertvolle Stammteile von Eiche, Buche, Edellaubholz (z. B. von Ahorn, Kirsche, Esche, Ulme)	- Vollholzmöbel - Furniere - Musikinstrumentenbau

Der Aufgabe als Rohstofflieferant kann der Wald nur nachhaltig gerecht werden bei einer geregelten Forstwirtschaft und naturgerechten (naturnahen) Waldpflege unter weitgehender Ausschaltung aller schädlichen Einflüsse und einer standorttauglichen und standortgerechten Waldverjüngung (Wiederaufforstung).

Die moderne Forstwirtschaft ist zunehmend bestrebt, einen funktionsgerechten Waldbau zu betreiben. Man handelt nach dem Grundsatz vom geschlossenen, wirtschaftlichen Kreislauf. Hierbei wird ein Teil aus dem Holzerlös wieder in die Waldpflege investiert. Nur ein stabiler, nachhaltiger Waldbau gewährleistet auf Dauer sichere Erträge.

Allgemeine Schutzfunktionen (Schutzwälder)

Viele Wälder erfüllen standortbedingt spezielle Schutzfunktionen, man spricht deshalb auch von Schutzwäldern. Die Erhaltung von Schutzwäldern ist gesetzlich abgesichert. In der modernen Forstwirtschaft werden die Funktionen des Waldes örtlich erfasst. Eine Darstellung erfolgt in speziellen Waldfunktionskarten und -plänen. Diese bilden unter anderem die Grundlagen bei allen landesplanerischen Überlegungen und bei der funktionsgerechten Waldwirtschaft.

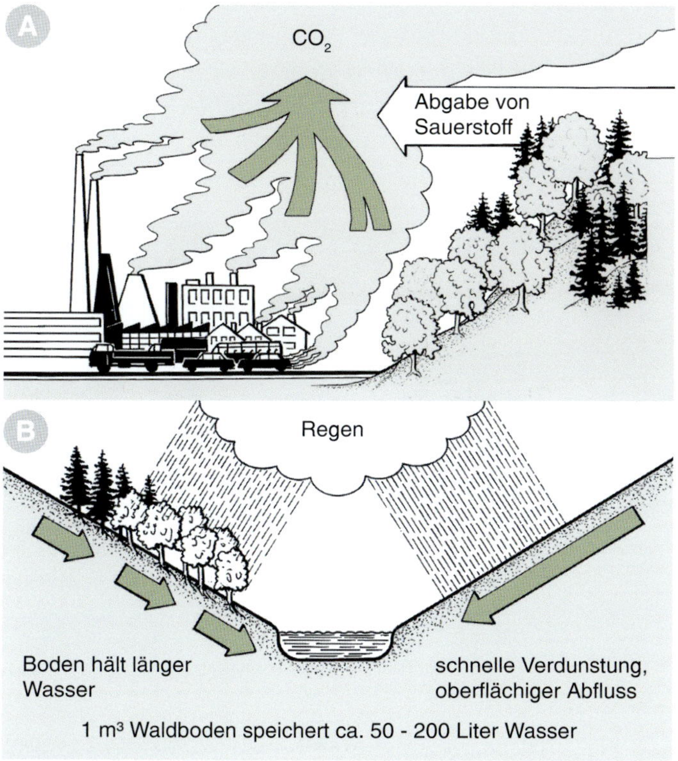

Alle Wälder erfüllen Schutzfunktionen bei der ...

A Reinhaltung der Luft
und bei der
B Wasserspeicherung.

zu A:
Grüne Pflanzen bilden die Grundlage allen Lebens. Der Wald reinigt mit Hilfe seiner Blätter und Nadeln die Luft von Staub, Ruß, Abgasen und bindet Kohlendioxid. Er reichert die Luft mit lebensnotwendigem Sauerstoff an.

zu B:
Der Wald, insbesondere der Waldboden mit seiner Humusschicht, ist in der Lage, **Wasser zu speichern** und **Wasser zu filtrieren**.

Die Abgabe des zurückbehaltenen Wassers an Luft, Bäche, Flüsse, Seen erfolgt langsam und gleichmäßig. Der Wald sorgt mit seinem Boden für einen **gesunden Wasserhaushalt**.

Schutzwälder:	Aufgaben und Funktion:
Wasserschutzwald	Reinhaltung von Grund- und Oberflächenwasser, Wasserfilterwirkung, Sicherung einer gleichmäßigen Wasserabgabe, Wasserspeicherwirkung
Bodenschutzwald	Schutz von eigenen und/oder benachbarten Bodenflächen vor Bodenverwehung, Humusschwund, Erosion, Verrutschungen usw.
Klimaschutzwald	Schutz von Sonderkulturen, Wohn- und Erholungsgebieten vor Kaltluft, Wind und mangelndem Luftaustausch, Ausgleich extremer Temperaturschwankungen
Lärmschutzwald	Abschirmung von Wohn- und Erholungsgebieten sowie von Landschaftsschutzgebieten vor Lärm (Verkehrslärm, Industrieanlagen usw.)
Immissionsschutzwald	Abschirmung von landwirtschaftlichen Nutzflächen, Erholungs- und Wohngebieten vor der Einwirkung von Rauch, Gasen, Gerüchen, Industrieabgasen usw.
Straßenschutzwald	Schutz von Verkehrswegen vor Seitenwind, Schneeverwehungen, Steinschlag, Bodenverrutschungen, Bergrutschen usw.
Lawinenschutzwald	Verhindern der Lawinenbildung und Festhalten von Schneedecken, Abfangen abgehender Lawinen, Schneebretter usw.
Sichtschutzwald	dient hauptsächlich zur „Verblendung“ unschöner und landschaftsbildstörender Objekte wie z. B. Kiesgruben, Steinbrüche, Abbaugebiete, Deponien usw.

Bergwald

Bergwälder können durch ihre intensive und tiefe Durchwurzelung den Boden festigen und verhindern oder dämpfen zumindest das Hangrutschen und andere Erosionsvorgänge. Wälder mit dichtem Unterholz aus jungen Bäumen können den Steinschlag besonders gut zurückhalten. Im Anrissgebiet von Lawinen wird die Schneedecke durch eine dichte, gleichmäßig verteilte Waldbestockung festgehalten. Im Bergwald bläst der Wind weniger stark als auf Freiflächen. Der abgelagerte Schnee wird daher kaum verlagert und es kommt seltener zu mächtigen und gleichförmigen Schneeansammlungen.

Abgang einer Mure (Erdrutsch) im Bergwald

Lawinenabgang

Bannwald

Im früheren Mittelalter wurden sogenannte „Bannforste" bestimmt. Diese Waldflächen waren Sondereigentum der Könige und dienten ausschließlich der Jagdausübung. Heute bezeichnet man auch den Lawinenschutzwald als Bannwald.

Nach den gesetzlichen Vorschriften einiger Bundesländer können Wälder zum Bannwald erklärt werden, wenn dieser auf Grund seiner Lage und flächenmäßigen Ausdehnung vor allem in Verdichtungsräumen und in waldarmen Bereichen unersetzlich ist und deshalb in seiner Flächensubstanz erhalten werden muss (außergewöhnliche Bedeutung für das Klima und die Luftreinhaltung).

In Bayern versteht man darunter einen Wald, der in und um Ballungsräumen per Gesetz vor der Rodung geschützt ist.

Erholungs- und Sonderfunktionen

Der Wald hat eine große Bedeutung für den Menschen und insbesondere für seine Gesundheit. Er bietet ihm **Ruhe, Erholung** und **Naturgenuss**. Deshalb ist der Wald ein idealer Erholungsort zum Wandern und Spazierengehen, für Spiel und Sport oder zur Naturbeobachtung. Dies hat der Gesetzgeber durch ein eigenes Gesetz - dem **Bundeswaldgesetz** vom 08.05.1975 - unterstrichen. Auf die Wohlfahrts- und Erholungswirkungen des Waldes hat jeder Anspruch (Freies Betretungsrecht BNatSchG).

Eine wichtige Rolle hat der Wald mit seiner landschaftsgestaltenden Funktion. Er ist unentbehrlich zur **Erhaltung bestimmter Landschaftsbilder**. Insbesondere ist der Wald Hauptlebensraum für eine Vielzahl von Tier- und Pflanzenarten.

Erholungs- und Sonderfunktionen

Typischer Waldbewohner: Schwarzstorch, Horst mit vier Jungvögeln

Waldschnepfenpaar

Totholz im Wald bedeutet Lebensraum für viele Arten

Fragen zur Wiederholung

Die Fragen zur Wiederholung sind angelehnt an die Fragestellung der mündlichen Prüfung, in welcher oft übergeordnete Zusammenhänge abgefragt werden. Die Lösungen finden Sie in den voranstehenden Kapiteln 12 bis 14.

Was versteht man unter dem Begriff „Hauptbaumarten“?

Wie ist ein Baumstamm aufgebaut und welche Funktionen haben die verschiedenen Teile?

Wie lässt sich bei einem Nadelbaum das Alter bestimmen?

Wie sollte ein idealer Waldmantel (Waldrand) aufgebaut sein?

Welche Schutzfunktionen erfüllt der Wald?

Lignin + Cellulose : sind die wichtigsten Bestandteile des Baumes
Monopodialer Wuchs: nur ein Trieb nach oben

Die wichtigsten Nadelbäume

Fichte, Rottanne (Picea abies L.)

Merkmale: hauptsächlich Halbschattbaumart, Flachwurzler, Weichholz
Höhe: bis 60 m
Blütezeit: April - Mai
Blüten: männlich: Kätzchen, rötlich bis gelb
weiblich: zapfenartig, karminrot
Rinde: rotbraun bis grau, schuppig, abblätternd
Nadeln: dunkelgrün, 1 - 2 cm lang, 4-kantig, stachelspitz, einzeln ringsumständig
Früchte: hängend, zylindrisch, 10 - 15 cm lang, **Zapfen fallen im Ganzen ab**
Verbreitung: Gebirge und Flachland
Bedeutung: Reinbestände bieten Deckung und Äsung (Verbiss) für relativ kurze Zeit, hohe Windwurfgefährdung, besonders auf flachgründigen Böden auch schneebruchgefährdet, wird vom Rotwild stark geschält dadurch kommt es zur Fäulnisbildung des Stammes

Gemeine Kiefer, Föhre (Pinus silvestris L.) = Waldkiefer

Merkmale: Lichtbaumart, Pionierbaumart, Tief- (Pfahl-)wurzler, Weichholz
Höhe: bis 40 m
Blütezeit: Mai - Juni
Blüten: männlich: gelbe Ähren an Langtrieben
weiblich: kugelige, erbsengroße Zapfen, rot, sitzen an jungen Trieben
Rinde: rötlich, bis dickborkig
Nadeln: bläulich-grün, 4 - 6 cm lang, spitz, je 2 - 5 an Kurztrieben
Früchte: Zapfen, grau- bis gelbbraun, 5 - 8 cm lang, kurzstielig, hängend
Verbreitung: auch auf armen Böden, häufig Mischung mit Fichte
Bedeutung: ab Stangenholzalter dichte Beerkrautflora; wird stark geschält, aber wenig verbissen (Rotwildschäle führt bei Kiefern jedoch nicht zu Fäulnisschäden); auf flachgründigen Böden hohe Windwurfgefährdung; **Kiefern sind wie die Birken bezüglich Nährstoff- und Wassergehalt der Böden am anspruchslosesten**
Weitere Arten: Zirbelkiefer (Arve); Schwarzkiefer, Bergkiefer mit den zwei Unterarten 1. Latsche (Legföhre, Kriechkiefer) und 2. Spirke

Weymouthkiefer, Seidenkiefer, Strobe (Pinus strobus)

Merkmale: Halbschattbaumart, Tief- (Pfahl-)wurzler, Weichholz
Höhe: bis 35 m
Blütezeit: April - Mai
Blüten: ähnlich wie Gemeine Kiefer, männlich: blassgelbe Kätzchen
weiblich: bläulichgrüne, gestielte, schlank-walzenförmige Zäpfchen
Rinde: graugrün, glatt, später dunkel und rissig
Nadeln: blaugrün, bis 14 cm lang, weich und dünn, 5-nadelig zusammenstehend
Früchte: zylindrische, hängende Zapfen, bis 20 cm lang
Verbreitung: Urheimat Nordamerika, bei uns oft Parkbaum, früher häufiger angebaut
Bedeutung: unempfindlich gegen Spätfröste, Holz leicht und weich („Zirbelkiefersatz"), gefährdet durch Blasenrostbefall

Herzwurzler ist wichtig um zw. Pfahl- und Flachwurzler, jeder Baum kann abhängig vom Boden eher flache oder pfahlartige Wurzeln bilden

Die wichtigsten Nadelbäume

Standortnetz, flache Krone, in der älteren Phase tritt an allen Breiten wachsten ein.

breit benadelt, durchsichtig wie fliegender Vogel

Weißtanne (Abies alba)

Merkmale: typische Schattbaumart, Weichholz, in der Jugend Herzwurzler, später Tief- (Pfahl-)wurzler, langsames Jugendwachstum
Höhe: 50 - 60 m
Blütezeit: Mai - Juni
Rinde: weißgrau, im Alter dunklere Färbung
Nadeln: dunkelgrün, 2 - 3 cm lang, flach, glänzend, unterseitig 2 weiße Streifen 2 Wachsstreifen
Früchte: zylindrische Zapfen, 10 - 16 cm lang, aufrecht stehend,
Zapfen fallen nicht im Ganzen ab
Verbreitung: typ. Mischholzart mit Fichte und Buche
Bedeutung: besonders gefährdet durch Verbiss und Fegen
Weitere Arten: Große Küstentanne und Nordmannstanne (Heimat Nordamerika)

Spindel (Krone) bleibt stehen,

Douglastanne, Douglasie (Pseudotsuga taxifolia)

Merkmale: Halbschattbaumart, Herzwurzler
Höhe: in Deutschland bis 35 m
Blütezeit: April - Mai
Blüten: männlich: eiförmig, aufgerichtet, rot oder purpur
weiblich: eiförmig, hängend, grün mit rot
Rinde: rötlich, rissig, abschuppend
Nadeln: dunkelgrün, 3 - 5 cm lang, flach, glänzend, leicht gekrümmt
Früchte: Zapfen hängend, hellbraun bis rot
Verbreitung: Urheimat Nordamerika, vor ca. 100 Jahren bei uns eingeführt
Bedeutung: wenig verbissen, aber sehr gern gefegt

Lärche, z. B. Europäische Lärche (Larix europaea)

Merkmale: Lichtbaumart, Pionierbaumart, Herzwurzler, Weichholz
Höhe: bis 50 m
Blütezeit: April - Juni
Blüten: männlich: meist kugelig, rötlich gelb oder grünlich, abwärts gerichtet
weiblich: karminrot, aufrecht stehend
Rinde: grau, abblätternd, im Alter graubraun mit violetten Flechten und langen Rissen
Nadeln: 2 - 3 cm lang, im Frühjahr lichtgrün, im Herbst leuchtend gelb, Nadeln werden abgeworfen
Früchte: kugelige Zapfen, 1,5 - 4 cm lang, kurzstielig, glanzlos, hellbraun oder graubraun
Verbreitung: typische Mischholzart
Bedeutung: durch sehr rasches Jugendwachstum geeignet für Wiederbegrünung von Sand- und Kiesgruben, wird gerne gefegt und geschält
Weitere Art: Japanlärche

Die wichtigsten Laubbäume („Masttragende“ Bäume)

Schattenbaum verträgt den Schatten am Boden, wächst im Schatten schneller als andere Pflanzen

Rinde

Rotbuche (Fagus silvatica L.)

Merkmale:	Hartholz, Herzwurzler, Halbschatt- und Schattbaumart
Höhe:	bis 40 m
Blütezeit:	Mai
Blüten:	männlich: kugelige Kätzchen, hängend, gelbgrün weiblich: kugelige Kätzchen, gelbgrün, stachelig
Rinde:	hellgrau bis grau, dünn, glatt, normal nicht rissig
Blätter:	eiförmig, 6 - 8 cm lang, am Rand leicht wellig, glatt.
Früchte:	kleine, dreikantige Nüsse (Bucheckern)
Verbreitung:	typischer Baum des Mischwaldes
Bedeutung:	**Mastbaum** mit wertvoller Knospenäsung, wird gerne verbissen - insbesondere von Hasen, großes Ausschlagvermögen; Bucheckern als Winteräsung für Schalenwild, Tauben, Eichelhäher

Rinde

Eiche, z. B. Stieleiche (Quercus robur L.)

Stiel an der Frucht.

Merkmale:	Hartholz (sehr hart), Herzwurzler, in der Jugend Pfahlwurzler, Lichtbaumart
Höhe:	bis 35 m
Blütezeit:	Ende Mai
Blüten:	männlich: lange, hängende Kätzchen, gelblich-grün weiblich: an langen Stielen stehende Kätzchen, 1- bis 5-blütig
Rinde:	jung: glatt und grau, älter: grob, längsfurchig
Blätter:	mittel- bis dunkelgrün, kurzstielig oder ohne Stiel, asymmetrisch gelappt
Früchte:	Eicheln (Nüsse), 2 - 3 cm lang, unteres Drittel vom Fruchtbecher umgeben
Verbreitung:	Auwälder
Bedeutung:	**guter Mastbaum**, Verbiss von Knospen und Blättern, starkes Ausschlagvermögen, Früchte werden von Schalenwild, Tauben, Enten und Eichelhäher gern angenommen (Winteräsung)
Weitere Art:	Traubeneiche

Roteiche (Bild rechts) (Quercus borealis)

Spitze Blätter

Merkmale:	Hartholz, Herzwurzler, Halbschattbaum
Höhe:	bis 30 m
Blütezeit:	Mai
Blätter:	10 - 20 cm lang, jedes mit 4 - 6 Lappen
Früchte:	Eicheln (Nüsse), rundlich-eiförmig, 2 cm lang, aufrecht stehend, unteres Drittel vom Fruchtbecher umgeben
Verbreitung:	Heimat nördliches Nordamerika
Bedeutung:	**Mastbaum**

Bild links:	im Vergleich die Früchte (Eicheln) von Stieleiche (oben) und Roteiche (unten).
Bild rechts:	Roteiche kurz vor dem Verfärben

Traubeneiche: mehrere Eicheln an einem Stiel wie bei einer Traube.

Die wichtigsten Laubbäume („Masttragende“ und andere Bäume)

Rosskastanie (Aesculus hippocastanum L.)

Merkmale:	Lichtbaumart, Flachwurzler
Höhe:	bis 30 m
Blütezeit:	Ende Mai
Blüten:	aufrechte, kegelförmige Kerzen, bis 30 cm hoch, Blüten weiß mit gelb-roten Flecken
Rinde:	jung: glatt, graubraun älter: dunkler, in dünnen Platten abschuppend
Blätter:	mattgrün, 5- bis 9-fingerig, Stiel - 20 cm lang, Blattrand gezähnt
Früchte:	grüne, meist stachelige Kapseln, 3-fächerig, meist nur eine Frucht, braun mit hellem Fleck (Kastanien)
Verbreitung:	Alleen, Auen, Waldränder, freie Plätze im Wald, fremdländische Baumart
Bedeutung:	**Mastbaum**, Früchte sind Winteräsung für alles Schalenwild, werden oft nur wenig angenommen

Gemeine Esche (Fraxinus excelsior L.)

Eschentriebsterben, Pilz,

Merkmale:	Lichtbaumart (außer in der Jugend), Tief-(Pfahl-)wurzler, Hartholz
Höhe:	bis 30 m
Blütezeit:	April - Mai
Blüten:	in rundlichen Büscheln oder Rispen, purpurrote Staubbeutel
Rinde:	jung: glatt, hell- bis olivgrau älter: dunkler und längsrissig
Blätter:	pro Blatt 9 - 13 Fiederblätter, diese lanzettförmig, spitz, je ca. 7 cm lang
Knospe: insekt,	**schwarz**
Früchte:	geflügelte Nüsse, flach zusammengedrückt, hellbraun, ca. 4 cm lang, 1 cm breit
Verbreitung:	ganz Europa und Kleinasien
Bedeutung:	wird in der Jugend stark verbissen, geschält und gefegt

Auwälder
Esche kann sehr hoch werden, da Holz lang faserig ist; Holz ist biegbar, bricht nicht.

Ulme, z. B. Bergulme (Ulmus glabra Mill.)

Merkmale:	Halbschattbaumart, Herzwurzler, Hartholz
Höhe:	bis 40 m
Blütezeit:	April
Blüten:	dichte Knäuel kugeliger, roter Blütenständen
Rinde:	braun- bis grüngrau, tiefrissig, grob
Blätter:	8 - 16 cm lang, kurz gestielt, zugespitzt, Ränder doppelgezähnt
Früchte:	geflügelte Nüsse, rund - eiförmig, 2 - 3 cm groß
Verbreitung:	große Teile Europas
Bedeutung:	wird stark verbissen und gefegt, jedoch wegen geringer Verbreitung wenig Bedeutung
Weitere Art:	Feldulme

Baum des Jahres: Winterlinde

Die wichtigsten Laubbäume

Härchen bei Winterlinde

~~Oberseite~~ ist dunkler als ~~oben~~ unten. b. Blatt Unterseite Härchen

spitze

Blüten

Rinde

Linde, z. B. Winterlinde (Tilia cordata)

Merkmale:	Halbschattbaumart, Tief- oder Herzwurzler, Weichholz
Höhe:	bis 40 m
Blütezeit:	Juni - Juli
Blüten:	weißgelb, langstielig
Rinde:	jung: grau und glatt älter: dunkler, längsfurchig, vorspringende Platten
Blätter:	Oberseite grün, Unterseite heller, relativ klein, herz- bis kreisförmig, Ränder gesägt
Früchte:	kleine, runde Nüsse, pergamentartige Fruchtwände
Verbreitung:	große Teile Europas
Bedeutung:	wird stark verbissen und gefegt, bietet wertvolle Knospenäsung, durch hohes Ausschlagvermögen geeignet für Verbissgehölze
Weitere Arten:	Sommerlinde, Silberlinde

reife Früchte

Kätzchen (weibl.)

Kätzchen (männl.)

Rinde

Drehwüchsig kant

Hainbuche, Weißbuche (Carpinus betulus) Birkengewächs

ist Birkengewächs. ≠ Buche

Merkmale:	Schattbaumart, Tief- oder Herzwurzler, Hartholz
Höhe:	bis 25 m
Blütezeit:	Mai
Blüten:	männlich: hängende Kätzchen, 4 - 6 cm lang, grün bis rötlich weiblich: paarweise hängende Kätzchen
Rinde:	glatt, hellgrau bis zimtfarben, häufig Drehwuchs
Blätter:	länglich bis eiförmig, 5 - 10 cm lang, zugespitzt, doppelt gesägter Rand
Früchte:	kleine Nüsse, 5 - 10 mm lang, hängend, bis zur Hälfte von 3-lappiger Hülle umgeben
Verbreitung:	fast ganz Europa
Bedeutung:	wichtige Deckungspflanze, geeignet zur Heckenbildung (Busch), besonders hohes Ausschlagvermögen

Vogel des Jahres: Stieglitz

Tier des Jahres: Feldhamster

Winterlinde: ist robuster

Die wichtigsten Laubbäume

Bergahorn (Acer pseudoplatanus L.)

Merkmale:	Halbschattbaumart, Herzwurzler
Höhe:	bis 40 m
Blütezeit:	April - Mai
Blüten:	klein, gelbgrün, in langen, hängenden Trauben
Rinde:	jung: glatt, graugelb älter: braun, rissig, schuppt ab
Blätter:	5-lappig, 8 - 16 cm breit, spitze Einschnitte, langstielig, Ränder grob gezähnt
Früchte:	Doppelfrucht, Flügel im rechten oder spitzen Winkel abstehend, mahagonifarben
Verbreitung:	lichte Bergwälder, Alleenbaum
Bedeutung:	durch wertvolle Knospenäsung geeignet für Verbissgehölze

Spitzahorn (Acer platanoides L.)

Merkmale:	Halbschattbaumart, Herzwurzler
Höhe:	bis 30 m
Blütezeit:	April - Mai
Blüten:	weiblich: gelbgrün, aufrecht in Dolden stehend
Rinde:	jung: glatt, graurötlich älter: dunkelgrau, längsrissig, schuppt nicht ab
Blätter:	5-lappig, ca. 12 cm lang, ca. 20 cm breit, langstielig
Früchte:	geflügelte Spaltfrucht, Flügel im stumpfen Winkel ausgebreitet
Verbreitung:	Auwälder
Bedeutung:	durch wertvolle Knospenäsung geeignet für Verbissgehölze

Feldahorn (Acer campestre L.)

Merkmale:	Halbschattbaumart, Herzwurzler
Höhe:	9 - 25 m
Blütezeit:	Ende Mai
Blüten:	grünlich bis gelblich, in aufrechten Dolden stehend
Rinde:	hellbraun, schuppig, korkig, Längs- und Querrisse
Blätter:	3- bis 5-lappig, 5 - 10 cm breit, stumpf - eckig, rotbrauner 10 cm langer Stiel
Früchte:	geflügelte Frucht, Flügel im gestreckten Winkel (waagerecht) abstehend, erst grün, später rötlich
Verbreitung:	häufig in Parks, Gärten und Hecken, stellt geringe Bodenansprüche
Bedeutung:	wird gerne verbissen, durch wertvolle Knospenäsung geeignet für Verbissgehölze, starkes Ausschlagvermögen

Die wichtigsten Laubbäume

Schwarzerle, Roterle (Alnus glutinosa L.)

Merkmale:	Lichtbaumart, Pionierbaumart, Herzwurzler
Höhe:	15 - 20 m
Blütezeit:	März
Rinde:	jung: glatt, glänzend, grünlich-braun, älter: schwarzgrau, rissig, abschuppend
Blätter:	Oberseite dunkelgrün, Unterseite hellgrün, oval, vorne abgestutzt, einfach gezähnt, gestielt
Früchte:	rotbrauner Fruchtzapfen
Verbreitung:	fast ganz Europa
Bedeutung:	geeignet zur Bepflanzung von nassen Standorten, in Flussnähe zur Gestaltung von Entenbrutbiotopen; durch Abschneiden der Stämme und Liegenlassen des abgeschnittenen Materials erhält man gute Brutgelegenheiten; wird kaum verbissen, kann mit Hilfe von Knöllchenbakterien im Wurzelwerk den Luftstickstoff binden
Weitere Arten:	Grauerle, Grünerle

fließende Gewässer

alles gleich

Zitterpappel, Espe, Aspe (Populus tremula L.)

Sargholz, sieht gedämpft aus wie Eiche

Merkmale:	Lichtbaumart, Pionierbaumart, Flachwurzler, Weichholz
Höhe:	bis 30 m
Blütezeit:	März - April
Blüten:	männlich: hängende Kätzchen, 8 - 10 cm lang, hellrot weiblich: grüner Fruchtknoten
Rinde:	jung: glatt, weißgrau älter: dunkelgraue, rissige Borke
Blätter:	kreisförmig, gezähnt, lange, flache Stiele
Früchte:	Kapseln enthalten Samen mit wolligem Haarschopf
Verbreitung:	Eurasien bis Nordkap, Waldbaumcharakter, bevorzugt lichte Stellen
Bedeutung:	gutes Schutz- und Verbissgehölz durch starke Wurzelbrut

- Sargholz
- Ski, Holz federt gut

Schwarzpappel (Populus nigra L.)

Merkmale:	Lichtbaumart, Flachwurzler, Weichholz
Höhe:	bis 30 m
Blütezeit:	März - April
Blüten:	ca. 9 cm lang, raupenähnlich, rote Staubbeutel
Rinde:	schwarzgrau, große, tiefe Längsrisse
Blätter:	dreieckig, zugespitzt, bis 7 cm lang, 3 - 6 cm breit, gezähnt
Früchte:	hellbraune, in weiße Wolle gewickelte Samen
Verbreitung:	südliche und mittlere Teile Europas, häufig an Gewässern
Bedeutung:	Schutzgehölz für Fasanenreviere, Uferbepflanzungen

Die wichtigsten Laubbäume

Rinde brennt gut, auch in nassem Zustand wegen ätherischer Öle

Gemeine Birke, Hänge-, Weiß- oder Sandbirke
(Betula pendula)

Merkmale: Lichtbaumart, Pionierbaumart, Tief- oder Herzwurzler
Höhe: bis 30 m
Blütezeit: April - Mai
Blüten: männlich: lange, hängende Kätzchen, rötlich-gelb, weiblich: zylindrische, stehende Kätzchen
Rinde: jung: glänzend, goldbraun; älter: weiße Korkleisten, löst sich in dünnen Fetzen
Blätter: mittelgrün, zugespitzt, Ränder doppelt gesägt
Früchte: hängende Fruchtkätzchen, geflügelte Samenkörner (Nüsschen)

Verbreitung: Mischholz auf Sandböden

Bedeutung: geeignet als Vorholz bei der Anlage von Deckungsgehölzen, bleibt in der Regel unverbissen; Birken sind bezüglich Nährstoff- und Wassergehalt der Böden am anspruchslosesten; auf feuchten Böden und Niederungsmooren wächst z. B. die Moor- oder Bruchbirke

Vogelbeere ist nicht mit Esche verwandt

Vogelbeere, Gemeine Eberesche (Sorbus aucuparia L.)

Merkmale: Lichtbaum bis Halbschattbaumart, Pionierbaum, Herzwurzler
Höhe: als Baum bis 15 m, als Strauch 1 - 3 m (bis 8 m)
Blütezeit: Mai - Juni
Blüten: weiß bis weißgelblich, dichte Dolden
Rinde: jung: glatt, hellgrau; älter: dunkler, schuppt in Platten ab
Blätter: unpaarig gefiedert, 10 - 12 cm lang, 13 - 17 Einzelblätter, spitz, gezähnt
Früchte: beerenartig, bis 1 cm Durchmesser, korallenrot, engstehend (Trugdolden)

Verbreitung: bis in die Hochlagen der Mittelgebirge, Pioniergehölz für alle Böden

Bedeutung: wird gerne verbissen, gefegt und geschält; als Busch Äsung und Deckung für Hoch- und Niederwild; Früchte beliebt bei Schalenwild, Vögeln und Fuchs, getrocknete Beeren für die Winteräsung; Prossholzlieferant, Bienenweide

Robinie, Falsche Akazie, Scheinakazie
(Robinia pseudoacacia L.)

Merkmale: Lichtbaumart, Pionierbaumart, Tief-(Pfahl-)wurzler
Höhe: bis 30 m
Blütezeit: Mai - Juni
Blüten: auffallend weiße Schmetterlingsblüten, bilden 10 - 20 cm lange hängende Trauben
Rinde: braun- oder graurot, große, tiefe Risse
Blätter: unpaarig gefiedert mit 7 - 25 Fiederblättern, diese leicht zugespitzt, kurz gestielt
Früchte: glatte, flache Hülsen, braun, purpur oder violett, 5 - 10 cm lang

Verbreitung: Europa außer im Norden

Bedeutung: wichtige Äsungspflanze im Reh- und Hasenrevier, Blätter und junge Triebe mit hohem Nährstoffgehalt; wird gerne verbissen, verbissene Zweige haben großes Ausschlagvermögen

Vergleichsübersicht der wichtigsten Nadel- und Laubbäume

Die Bewertung der einzelnen Eigenschaften ist von verschiedenen Faktoren abhängig (z. B. Bodenbeschaffenheit, Feuchtigkeit), Abweichungen können deshalb vorkommen.

Baumart	Nadelbaum	Laubbaum	Lichtbaumart	Halbschattbaumart	Schattbaumart	Pionierbaumart ¹)	Flachwurzler	Herzwurzler	Tief- (Pfahl-)wurzler	fremdländische Baumart	**Besonderheiten**
Fichte	■		■	■	■		■	■			windwurfgefährdet
Gemeine Kiefer, Föhre	■		■			■			■		anspruchslos
Weymouthkiefer, Strobe, Seidenkiefer	■			■					■	■	aus Nordamerika
Weißtanne	■				■			■ →	→		wird gerne verbissen ³)
Douglastanne, Douglasie	■			■				■		■	aus Nordamerika, wird gerne gefegt!
Lärche, z. B. Europäische Lärche	■		■			■		■			wird gerne gefegt!
Rotbuche		■		■	■			■			Mastbaum ²)
Eiche, z. B. Stieleiche		■	■					←	■		Mastbaum ²) ³)
Roteiche		■		■				■		■	Mastbaum ²), aus Nordamerika
Rosskastanie		■	■				■			■	Mastbaum aus Nordgriechenland ²)
Gemeine Esche		■	■ *)						■		wird gerne verbissen und geschält
Ulme, z. B. Bergulme		■		■				←	■		³)
Linde, z. B. Winterlinde		■		■				←	■		³)
Hainbuche, Weißbuche		■			■			■	■		oft Heckenpflanze
Bergahorn		■		■				■			
Spitzahorn		■		■				■			
Feldahorn		■		■				■			oft auch als Strauch
Schwarzerle, Roterle		■	■			■		■			häufig an Gewässern
Zitterpappel, Espe, Aspe		■	■			■	■				wird gerne verbissen; Wurzelbrut, Weichlaubholz
Schwarzpappel		■	■				■				
Gemeine Birke, Hänge-, Weiß-, Sandbirke		■	■			■		←	■		sehr anspruchslos ³)
Vogelbeere, Gemeine Eberesche		■	■	■		■		■			oft auch als Strauch; wird gerne verbissen
Robinie, Falsche Akazie, Scheinakazie		■	■			■			■	■	aus Nordamerika

¹) Unter Pionierbaumart versteht man raschwüchsige und oft nur kurzlebige Baumarten, unter deren Schutz die späteren Hauptbaumarten heranwachsen können. Sie sind in Bezug auf Nährstoff- und Wassergehalt am anspruchlosesten.

²) Unter Mastbaum versteht man Bäume, deren Früchte (Fruchtfleisch) oder Samen wegen ihres Fett-, verdaulichem Eiweiß- und / oder Vitamingehaltes eine wertvolle Wildäsung (Mast) bieten.

³) in der Jugend Pfahlwurzel, später Herzwurzel

*) im Alter weisen Sämlinge eine hohe Schattentoleranz auf

Die wichtigsten Pflanzen des Waldes in der Krautschicht

Neben den wichtigsten Baumarten sollte der Jäger auch die sonstigen im Wald vorkommenden Bodenpflanzen und Sträucher kennen. Pflanzen der Krautschicht geben dem Jäger und Waldbauern Auskunft über die Standortverhältnisse (Licht, Wasser, Boden) und das Ausmaß natürlicher Äsungsmöglichkeiten für das Wild. Nachdem die meisten im Wald vorkommenden Sträucher auch in Hecken und Feldgehölzen zu finden sind, werden diese im Fachteil „Hege" behandelt. Aus der Vielzahl der im Wald vorkommenden Bodenpflanzen der Krautschicht werden nachfolgend einige Beispiele vorgestellt.

Beispiele wichtiger Kleinsträucher

Preiselbeere (Vaccinium vitis idaea L.)

Merkmale:

Höhe:	10 - 30 cm
Blütezeit:	Mai - Juli
Blüten:	weiße bis rötliche Blüten in dichten Trauben
Blätter:	elliptisch, stumpf
Früchte:	scharlachrote, essbare Früchte
Verbreitung:	besonders in Kiefernwäldern auf Sandboden vorkommend
Bedeutung:	geäst werden die Früchte und Triebe (Auerwild)

Heidelbeere (Vaccinium myrtillus L.)

Merkmale:

Höhe:	15 - 40 cm
Blütezeit:	April - Juli
Blüten:	einzeln stehende grüne, rötlich überlaufene Blüten
Blätter:	eiförmig, spitz
Früchte:	blauschwarze, essbare Früchte
Verbreitung:	in lichten Wäldern auf kalkarmen Böden
Bedeutung:	Äsung für alles Schalenwild, Niederwild und Vögel, geäst werden Früchte und Triebe

Heidekraut, Erika (Calluna vulgaris L.)

Merkmale:

Höhe:	bis zu 1 m hoher Strauch
Blütezeit:	Juli - September
Blüten:	hellrosa-violette Blüten in dichten Trauben
Blätter:	immergrün, nadelförmige 4-zeilige Blätter
Früchte:	keine
Verbreitung:	in lichten Wäldern, Heiden und Mooren
Bedeutung:	Winteräsung

Weitere wichtige Bodenpflanzen (Beispiele)

Name	Standort	Bedeutung
Adlerfarn	Forstkulturen, wirkt oft verdämmend	Schwarzwild bricht nach den Wurzeln, gute Deckung
Brennnessel	nur auf besten, tiefgründigen Böden mit guter Stickstoffversorgung	wird manchmal vom Rotwild geäst
Drahtschmiele (Haargras)	hauptsächlich in Fichten- und Kiefernwäldern mit ausreichend Licht	in manchen Gegenden sehr wichtige Äsungspflanze für Rotwild
Fuchskreuzkraut	häufig auf Kahlschlägen	zählt zur sogenannten „Schlagflora“
Sauerklee	sehr schattige Laub-, Misch- und Nadelwälder, humusbildend, auf etwas sauren Böden	wird vom Wild nicht geäst (leicht giftig)
Walderdbeere	etwas feuchte Böden, Laubwälder, Mischwälder und lichte Nadelwälder, Waldwege	Früchte essbar
Waldreitgras	meist in Nadelwäldern	wird nur im Frühjahr kurz nach dem Austrieb wenig verbissen
Weidenröschen	hauptsächlich auf Kulturflächen, an Wegrändern, stickstoffliebend	beliebte Äsungspflanze für alles Schalenwild

Sauerklee

Schmalblättriges Weidenröschen (Waldweidenröschen)

Walderdbeere

Waldwachtelweizen

Mischwald - Die natürliche Waldzusammensetzung nach der Höhenlage

Vor 2.000 Jahren war unser Land bis zu 90 % mit Urwäldern bedeckt. Die Menschen schufen sich Lebensraum durch Rodungen und Abbrennen. Sie nutzten das Holz als Heizmittel und Rohstoff. Im Laufe der Jahrhunderte wurde der Wald ein Teil der Kulturlandschaft. Früher bestanden unsere Wälder zum größten Teil aus **gesundem Mischwald**. Im Mischwald leben mehrere Baumarten in meist unterschiedlichen Altersstufen mit- und nebeneinander. Je nach Anteil und ökologischem Einfluss unterscheidet man hierbei in Haupt- und Nebenbaumarten. In den naturbelassenen Wäldern Mitteleuropas dominiert die Buche. Die unterschiedlichen Lebensbedingungen der Baumarten erhöhen insgesamt die **Stabilität des Waldes** und ermöglichen allen Waldbewohnern ein gesundes Leben.

Wir unterscheiden z. B. in Mischwälder:	Typische Baumarten sind z. B.:
der Gebirgs- und der Vorgebirgsstufe	Fichte, Tanne, Buche, Bergahorn
des Hügellandes	Buche, Eiche, Fichte
der Ebene	Kiefer, Eiche, Birke
der Auen	Eiche, Hainbuche, Esche, Erle, Birke

Die Grafik zeigt schematisch die unterschiedliche Waldzusammensetzung in Abhängigkeit von der jeweiligen Höhenlage.

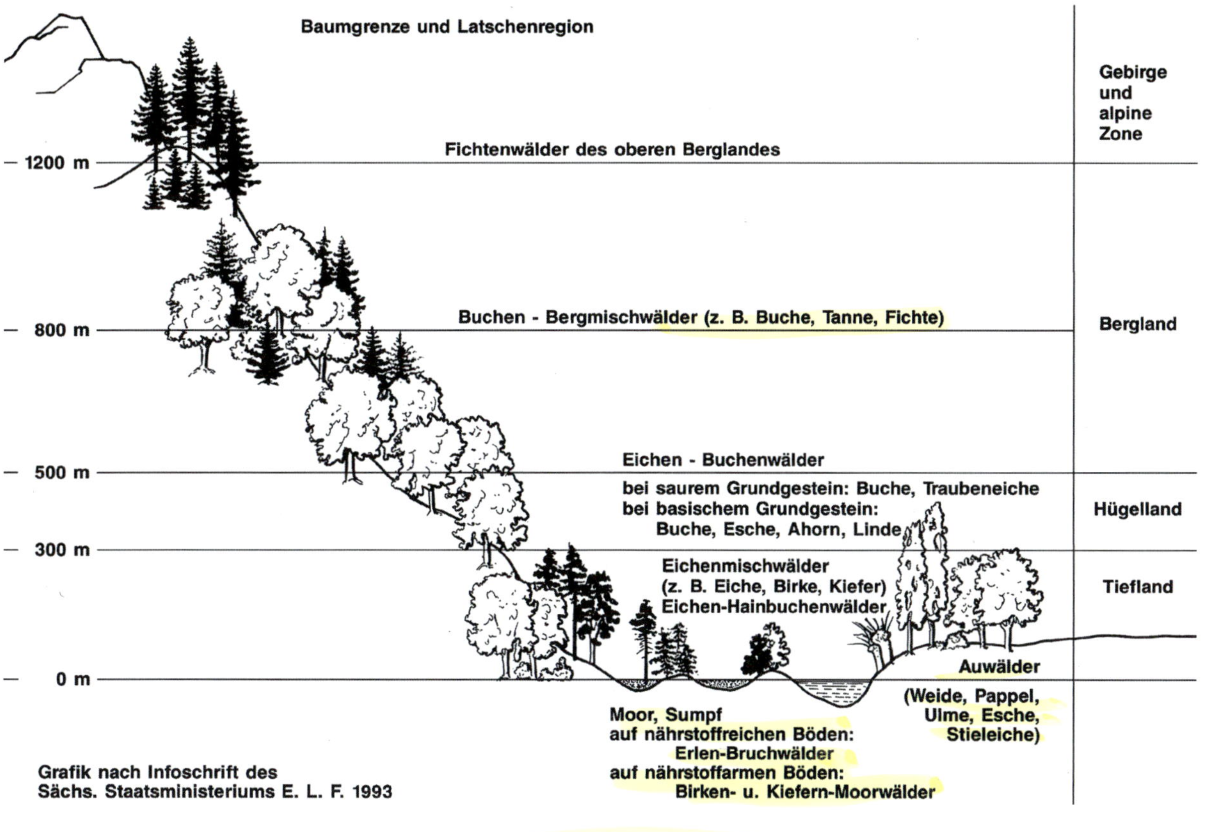

Monokulturen

Viele Wälder bestehen heute aus nur einer Baumart, man spricht von **Monokulturen (Reinbeständen)**. Sie sind fast immer künstlich begründet und durch das Reinertragsdenken des Menschen entstanden. Monokulturen haben eine hohe Anfälligkeit gegenüber Schäden und Schädlingen. Die häufigsten Reinbestände findet man bei **Fichte, Kiefer** aber auch bei der **Buche**.

Deshalb werden vor allem Nadelholzmonokulturen immer wieder zu Mischwäldern umgebaut. Dies geschieht z. B. durch Auflichtung der Altbestände und Voranbau (durch Pflanzung) der Schattbaumarten (z. B. Tanne, Buche). Aber auch durch Pflanzung von „Laubholz-Heistern“ (siehe LW 17.6) in Bestandslücken.

typische Kiefernmonokultur

Der naturnahe Waldbau

Um die Funktionen des Waldes nachhaltig zu sichern und gleichzeitig die Risiken und Kosten in den langen Produktionszeiträumen der Forstwirtschaft möglichst gering zu halten, gibt es bestimmte Grundsätze, die sich an einem naturnahen Waldaufbau orientieren. Diese Vorgehensweise bezeichnet man als naturnaher Waldbau.

Im Einzelnen zählen dazu folgende Maßnahmen:

- Standortgerechte Baumartenwahl auf der Grundlage standortheimischer Baumarten. Ertragreiche Gastbaumarten können bei entsprechender Eignung mit verwendet werden.
- Langfristiges Ziel ist die Schaffung von stufig aufgebauten Mischbeständen.
- Keine willkürlichen Buntmischungen (= Mischung aus sehr vielen verschiedenen Baumarten), sondern einfache Mischungen (z. B. gruppenweise Beimischungen).
- Frühzeitige Förderung einer guten Kronenentwicklung bei Nadelbaumarten und Entnahme von schlecht geformten Laubhölzern (Durchforstung).
- Die Walderneuerung sollte sich größtenteils aus Naturverjüngung ergeben, wobei der Jungwuchs unter dem Schirm der Mutterbäume heranwachsen kann. Der Jungwuchs ist auf diese Weise z. B. vor Frost besser geschützt.
- Der waldbauliche Aufwand soll sich möglichst auf wertsteigernde Maßnahmen konzentrieren (z. B. Mischwuchspflege, Wertastung, laufende Förderung der wertvollen Zuwachsträger durch Auslesedurchforstung).

Folgerung für die Bejagung des Schalenwildes:
Da der naturnahe Waldbau auf ausgedehnten Flächen mit Naturverjüngung arbeitet, setzt dies einen an die natürlichen Verhältnisse (Äsungsverhältnisse) angepassten Schalenwildbestand voraus.

PEFC = Paneuropäische Forst-Zertifikation:
Dabei handelt es sich um eine Zertifizierung von Forstbetrieben, wenn diese bestimmte Auflagen erfüllen, wie z. B. nachhaltige Waldbewirtschaftung und angepasste Wildbestände.

Gesunde und gefährdete Wälder - Licht- und Schattbaumarten

Einflüsse:	Beim stufig aufgebauten Mischwald gilt:	Beim gleichaltrigen Reinbestand gilt:
Licht	allgemein lichtdurchlässiger, daher auch Bodenbewuchs mit Kräutern und Sträuchern	meist lichtundurchlässiger und damit dunkler, deshalb kaum Kräuter und Sträucher (Ausnahme Kiefernreinbestand)
Wasser	durch aufgelockertes Kronendach wasserdurchlässig	durch geschlossenes Kronendach meist wasserabweisend und bodentrocken
Wind	durch unterschiedliches Höhenwachstum der Bäume Stabilität und durch bessere Durchwurzelung selten große Sturmschäden	durch Gleichförmigkeit relativ windanfällig, besonders bei Flachwurzlern häufig flächige Sturmschäden
Allgemein	gute Bodenqualität mit artenreicher Waldstreu, Boden gut durchlüftet, daher nährstoffreich und lebend	meist schlechte Bodenqualität mit artenarmer Waldstreu, Fichtenreinbestände zeigen fast immer Bodenverdichtungen, Boden schlecht durchlüftet
Schlussfolgerung:	**Beim stufig aufgebauten Mischwald gilt:** Bei gesunden Mischwäldern stehen Schädlinge und Schädlingsvertilger in einem natürlichen Gleichgewicht. Die Wälder sind gegen Insektengroßschäden stabiler. Waldstreu und belebter Boden sorgen für nährstoffreichen Humus.	**Beim gleichaltrigen Reinbestand gilt:** Monokulturen sind besonders anfällig gegenüber Insektengroßschäden, Wind- und Sturmbruch, aber auch gegenüber Wildschäden. Monokulturen führen zu nährstoffarmer, abnehmender Bodenqualität.
	Mischwälder sind gesunde Wälder!	**Monokulturen sind gefährdete Wälder!**

Einfluss auf die Zusammensetzung eines Waldbestandes haben neben Standort usw. auch die jeweiligen Lichtverhältnisse und die unterschiedlichen Lichtansprüche der Bäume. Entsprechend unterscheidet man bei den Bäumen in ...

Lichtbaumarten z. B.:	**Halbschattarten** z. B.:	**Schattbaumarten** z. B.:
Kiefer Lärche Eiche Aspe Birke Erle (Pioniergehölze) Esche (im Alter)	Fichte Douglasie Ahorn Esche (in der Jugend) Ulme	Buche Hainbuche Tanne Linde

Beispiel einer Buchenverjüngung unter Altholzschirm

Verteilung der Baumarten

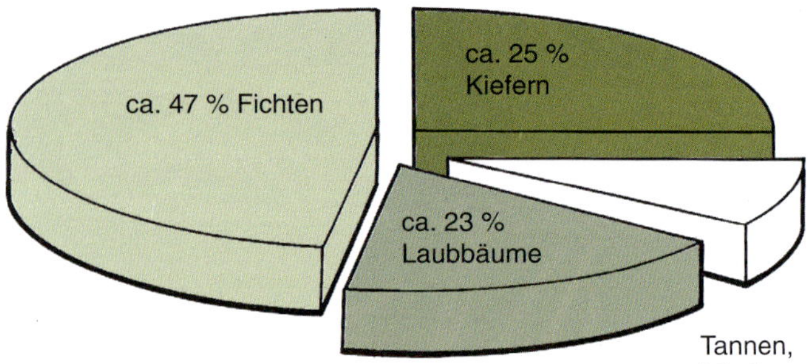

Die Verteilung der Baumarten ist von Wald zu Wald unterschiedlich.

Beispiel Bayern:
Hauptanteil haben hier die **Fichten mit ca. 47 %**.

Die weitere Verteilung ergibt:

- ca. 25 % Kiefern — ca. 10 % Buchen
- ca 3 % Tannen — ca. 6 % Eichen
- ca. 2 % Lärchen — ca. 7 % sonstige Laubbäume

Hochwald, Mittelwald, Niederwald

Nach der Entstehung und dem Nutzungsziel unterscheidet man beim Wald zwischen

- **Hochwald,**
- **Mittelwald** und
- **Niederwald**.

Der Hochwald ist aus Naturverjüngung (Samen), Saat (Samen) oder Pflanzung (Jungpflanzen) entstanden. Betriebsformen des Hochwaldes sind **Schlagweiser Hochwald** und **Plenterwald**. Beim „Schlagweisen Hochwald" umfassen Nutzung und Verjüngung nur einen Teil des Bestandes.

Der Mittelwald ist eine Zwischenform von Hoch- und Niederwald, entstanden aus Stockausschlägen*), **Kernwüchsen, Samen und Jungpflanzen.**
Beim Mittelwald lässt man einige fruchttragende Samenbäume stehen (früher Schweinemast). Mittelwälder haben nur einen Anteil von ca. 2 % der Waldfläche.

Beim Niederwald erfolgt die Bestandsbegründung nur durch Stockausschläge oder Wurzelbrut**).
Niederwälder wurden meist zur Brennholzgewinnung oder zum Zweck der Gerbrindengewinnung genutzt. Eine niederwaldähnliche Bewirtschaftung wird neuerdings bei der Anlage sogenannter Energiewälder (nachwachsende Rohstoffe) erprobt. Der Anteil des Niederwaldes liegt unter 1% der Waldfläche. Eine charakteristische Wildart des Niederwaldes ist das Haselwild.

*) Beim Stockausschlag treibt der Baum am Baumstumpf nach der Fällung wieder aus.

**) Wurzelbrut ist die ungeschlechtliche Vermehrung von Bäumen und Sträuchern, wobei die flach unter dem Boden liegenden Seitenwurzeln ausschlagen.

Hochwald (oben), Mittelwald (mitte), Niederwald (unten)

Bestand, Bestandsbegründung

Unter „Bestand" versteht man im Waldbau einen selbständigen Waldanteil, der sich in Alter und Baumarten von seiner Umgebung unterscheidet. Bei der Anlage eines neuen Waldbestandes spricht man von einer **Bestandsbegründung**. Hierbei nutzt die Forstwirtschaft entweder die Möglichkeit der **natürlichen Verjüngung** oder die **künstliche Verjüngung**.

Naturverjüngung

Bei der Naturverjüngung erneuert sich der Bestand von allein. Beim Schlagen des Altholzes bleiben gesunde Bäume als **Samen- oder Mutterbäume (A)** stehen. Unter ihrem Schirm entwickelt sich die **Naturverjüngung**. Ist diese herangewachsen, wird der restliche **Altholzschirm (B)** geschlagen. Ist die Naturverjüngung aus leichten, flugfähigen Samen (z. B. von Nadelhölzern, Ahorn, Linde, Birke) hervorgegangen, spricht man vom **Anflug**. Bei schweren Samen (z. B. von Eiche, Buche) spricht man vom **Aufschlag**. Naturverjüngung kann durch entsprechende Bodenbearbeitung unter den Samenbäumen und durch Kronenpflege der Samenbäume gefördert werden.

Bei der Kronenpflege kann sich durch die Entnahme von bedrängenden Nachbarbäumen die Krone des begünstigten Baumes besser entwickeln. Es kommt zu einer besseren Samenbildung. Das Ausmaß des Fruchtens bei Waldbäumen wird nach der Samenmenge eingeteilt in:

Fehlmast:	keine oder nur wenige Bäume fruchten
Sprengmast:	nur einzelne Bäume fruchten
Halbmast:	etwa die Hälfte fruchtet
Vollmast:	alle Bäume fruchten stark

Vorteile der Naturverjüngung sind **keine Kosten** und **bessere Wurzelentwicklung**.

Künstliche Verjüngung

Bei der künstlichen Verjüngung unterscheidet man zwischen ...

Pflanzung	**Saat**
Bei der Pflanzung werden die benötigten Jungpflanzen zunächst in **Baumschulen** und **Pflanzgärten** vorgezogen und dann auf den Verjüngungsflächen ausgepflanzt. Manchmal werden auch Wildlinge (= aus Naturverjüngungen ausgegrabene Jungpflanzen) verwendet. Gepflanzt wird meist im Frühjahr, aber auch im Herbst. **Nachteile:** Bei den frisch in den Waldboden gesetzten Jungpflanzen kann es ein oder zwei Jahre lang zu einem verminderten Höhenwachstum (= Zuwachs) kommen. Diese Umstellung auf den Standort in Verbindung mit Wurzelbeschädigungen beim Pflanzen bezeichnet man als **Pflanzschock**.	Die künstliche Aussaat direkt auf die Verjüngungsflächen ist inzwischen unüblich. **Nachteile:** Es ist eine besondere Bodenvorbereitung notwendig. Die Keimlinge sind sehr empfindlich, verdämmender Bodenbewuchs kann den Aufwuchs der Saat verhindern.

Anzucht von Forstpflanzen

In gewerblichen Baumschulen und Pflanzgärten dürfen bei der Anzucht der wichtigen Wirtschaftsbaumarten, z. B. Fichte, Tanne, Kiefer, Buche und Eibe nur Samen aus anerkannten Beständen verwendet werden. Die Verbreitungsgebiete der einzelnen Baumarten sind außerdem in geographische Herkünfte eingeteilt.

Aus diesen anerkannten Herkünften werden Bäume oder Bestände ausgewählt, die nach amtlicher Prüfung ihrer Eigenschaften, z. B.

- **Stammform**
- **Gesundheit**
- **Widerstandsfähigkeit**
  (z. B. gegen Schneebruch bei Fichte - usw.)
  durch forstliche Fachbehörden (z. B. Forstdirektionen) zur Beerntung von
- **Saatgut**
  (Samen, Früchte, Fruchtstände)
- **Pflanzenteilen**
  (Stecklinge) oder zur
- **Wildlingsgewinnung**
  zugelassen werden.

Die Beerntung erfolgt bei Nadelbäumen und leichtsamigen Laubbäumen durch Pflücken der Zapfen bzw. Fruchtstände am stehenden Stamm mit speziellen Kletterausrüstungen, selten bei gefällten Bäumen.

Eicheln und Bucheckern werden nach dem Abfallen aufgesammelt.

Die Sämlinge verbleiben entweder bis zum Zeitpunkt des Verpflanzens im Wald im Saatbeet oder sie werden entsprechend ihres Raumbedarfes (Wurzelwachstum) innerhalb der ersten 1 - 3 Jahre in sogenannte Verschulbeete umgepflanzt.

Teilweise erfolgt auch die Anzucht in Pflanzencontainern, wobei die Pflanzen dann auf schwierigen Standorten mit Wurzelballen verpflanzt werden.

Ab einer Größe von ca. 1,50 m spricht man bei forstlichen Kulturpflanzen von „Heistern“.

Fotos von oben:
Aufzucht von Lärchen (Containerpflanzen)
Verschulung (Freilandanzucht)
Buchenkultur (Rotbuchen)
Durchforstung von Rotbuchen

Forstkultur

junge Eiche, hervorgegangen aus Hähersaat

ausgegraste Fichtenkultur

Aus künstlicher Saat oder Pflanzung hervorgegangene Jungbestände bezeichnet man als Kultur.

Gepflanzt werden pro ha z. B.:

Fichte	2.500 - 3.000 Stück
Kiefer	6.000 - 8.000 Stück
Buche	6.000 - 8.000 Stück
Eiche	6.000 - 8.000 (10.000) Stück

Je nach Standort, Baumart usw. werden nach Alter und Größe unterschiedliche Jungpflanzen verwendet.

Je weiter der Pflanzabstand in einer Forstkultur umso länger stehen dem Wild die Äsungspflanzen zwischen den Jungbäumen zur Verfügung. Bei weitem Pflanzabstand entwickelt sich das Nadelholz stabiler gegen Schneedruck.

Wenn ein Teil der Jungpflanzen nach dem Pflanzen eingeht (nicht anwächst, vertrocknet) spricht man von **Ausfall**. Solche Kulturen werden dann **nachgebessert** (= durch nochmalige Pflanzung vervollständigt). Diese nachbesserungsbedürftigen Stellen in den Kulturen bezeichnet man als **Fehlstellen**.

Im Gegensatz dazu bezeichnet man dauernd baumleere Stellen im Wald als **Blößen**. Baumleere Stellen, die sich nach mehreren Jahren wieder schließen (zuwachsen), nennt man **Lücken**.

Bei Gefährdung der Kulturen durch Verbiss erfolgt gegebenenfalls ein **Einzelschutz der Pflanzen** oder ein **flächiger Schutz durch einen Zaun**. Weiterhin muss dafür gesorgt werden, dass die Jungpflanzen nicht durch andere auf der Kulturfläche wachsende Pflanzen verdrängt („erdrückt“) werden (z. B. durch hohes Gras, Adlerfarn, Brombeere, Himbeere, Holunderarten usw.). Dies erfolgt heute meist wieder durch Ausmähen der überwachsenen Jungpflanzen. Manchmal wurden und werden auch Herbizide verwendet. In den Forstkulturen wachsen die Jungbäume bis zur seitlichen Astberührung heran, dann entsteht eine **Dickung**.

Dickung

In den Dickungen sind die Bäume meist brust- bis zimmerhoch. In dieser Altersstufe werden oft schon erste Maßnahmen zur Jungbestandspflege notwendig, z. B.

- Förderung von erwünschten Mischbaumarten durch Aushieb der bedrängenden Nachbarbäume oder
- Auflösung des Konkurrenzdruckes durch Aushieb überzähliger Jungbäume.

Die nächste Altersklasse bezeichnet man als **Stangenholz**.

Stangenholz

Man spricht von Stangenholz, wenn durch Lichtmangel in der Dickung die unteren Äste absterben, d. h. wenn die natürliche Stammreinigung eintritt. Die Bäume haben daher einen Brusthöhendurchmesser von ca. 8 - 20 cm (= gemessen am stehenden Stamm in 1,3 m Höhe). Auch in dieser Altersklasse werden besonders gute Stämme und erwünschte Mischbaumarten durch **Aushieb bedrängender Konkurrenten** gefördert. Man bezeichnet diese Pflegemaßnahmen wie schon im Dickungsalter als **Läuterungen** oder **Jungdurchforstungen**. Bei ungenügender natürlicher Astreinigung kann auch eine sogenannte Wertastung erfolgen. Dabei werden mit speziellen Sägen je nach Baumart die grünen und / oder abgestorbenen unteren Äste am stehenden Stamm entfernt, damit man zur Wertsteigerung astfreie Stammteile erhält. Geastet werden bei den Nadelhölzern z. B. **Kiefer, Lärche, Douglasie** und bei den Laubhölzern in der Regel nur **Kirsche** und **Pappel**.

Baumholz

Wenn die Bäume zum Ende der Stangenholzphase einen Brusthöhendurchmesser von 20 cm (= gemessen am stehenden Stamm in 1,3 m Höhe) **erreichen, bezeichnet man dies als Baumholz.** Auch in dieser Altersklasse werden Durchforstungseingriffe gemacht. Zukunftsstämme, die in den Endbestand einwachsen sollen, werden kurz **Z-Stämme** genannt. Die Baumhölzer wachsen dann zur erwünschten Hiebreife heran. Hiebreife Waldbestände bezeichnet man als **Altholz**.

Plenterwald und Altersklassenwald

Der „Plenterwald" ist eine Form des Hochwaldes. Im Plenterwald stehen Bäume aller Altersklassen (Entwicklungsstufen) nicht bestandsweise, sondern einzeln oder in Gruppen nebeneinander. Ihre Nutzung erfolgt hierbei **einzelstammweise** entsprechend auf der ganzen Fläche. Für diese Nutzungsform eignen sich nur **Mischwaldbestände** mit hohem Anteil an **schattenertragenden Baumarten** wie z. B. Buche und Tanne.

Im „Altersklassenwald" stehen die einzelnen Bestände getrennt nach Altersklassen, d. h. eingeteilt nach 10- oder 20-jährigen Altersunterschieden. Die Nutzung und Verjüngung erfolgt bestandsweise. Hierbei unterliegen sowohl Reinbestände wie Mischbestände der **flächigen, altersklassenweisen Nutzung**.

Plenterwald

Altersklassenwald

Bestandspflege und Umtriebszeiten

Unter „Bestandspflege“ versteht man alle notwendigen pflegerischen Maßnahmen zur Erzielung und Erhaltung gesunder Bestände und höchstmöglicher Massen- und Wertleistung. Unter „Umtriebszeit“ versteht man den durchschnittlichen Zeitraum zwischen der Bestandsbegründung (Verjüngung) und der Ernte der verschiedenen Baumarten.

Mit Umtriebszeiten arbeitet man in der Regel nur im Altersklassenwald. Beim Plenterwald erfolgt die Nutzung nach den Ansprüchen des Einzelstammes.

Baumart:	Schlagreife (Jahre):
Fichte	80 - 120 Jahre (- 140)
Kiefer	100 - 140 Jahre (- 160)
Tanne	120 - 160 Jahre (- 200)
Buche	120 - 160 Jahre (- 180)
Eiche	140 - 250 Jahre (- 300)

Der Niederwald bzw. der Unterstand im Mittelwald sind in der Regel mit ca. 20 - 35 (- 40) Jahren schlagreif. Niedrige Umtriebszeiten haben auch Birken und Pappeln je nach Zuwachs und Nutzungsziel.

Pappeln wachsen von allen einheimischen Baumarten bei optimalen Standorten am schnellsten.

Sogenannte **Energiewälder** dienen der Produktion von Hackschnitzeln. Sie bestehen aus sehr schnellwüchsigen Baumarten wie z. B. Baumweiden und Pappeln. Die Umtriebszeiten sind dabei sehr kurz, in der Regel oft nur wenige Jahre.

Pappelkultur (Energiewald)

Bestandsnutzungsformen

Bei der Bestandsnutzung unterscheidet man zwischen ...

Vornutzung

Die Vornutzung erfolgt:
- in Dickungen zur Jungwuchspflege (Jugendpflege) - kein Holzanfall
- in Stangenhölzern zur Jungdurchforstung - wenig Nutzholz, nur Stangen, stärkere Stangenhölzer eventuell als Papierholz, Profilzerspanerholz
- in Baumhölzern bis zur Hiebreife zur Altdurchforstung - Stammholz fällt an

Die Pflegehiebe dienen der Auflockerung der Bestände, wobei die jeweils besten Bäume durch Aushieb ihrer „schlechteren“ Nachbarn gefördert werden. Man spricht von **Durchforstung**.

Endnutzung

Bei der Endnutzung unterscheidet man zwischen:
- **Kahlschlag**
- **Schirmschlag**
- **Saumschlag**
- **Plenterschlag**
- **Femelschlag**

Kahlschlag, Saumschlag und Schirmschlag verwendet man hauptsächlich im Altersklassenwald, die einzelnen Bestände sind in etwa gleichalt.
Plenter- bzw. Femelschlag erfolgen im Plenterwald. Im Plenter- oder Femelwald sind die Bestände ungleichalt gemischt.

Bestandsnutzungsformen

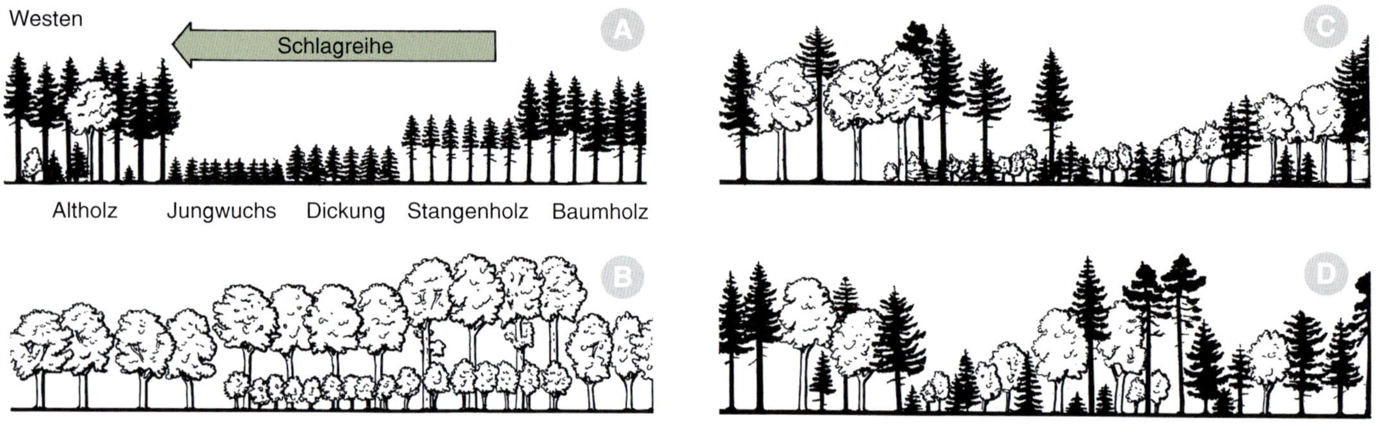

Die Grafiken zeigen schematisch die unterschiedlichen Nutzungsformen:

A Unter Kahlschlag versteht man das vollständige Abholzen einer Fläche.

B Schirmschlag ist die Nutzung unter Belassung von Samenbäumen.

C Saumschlag ist die Nutzung als Kahlschlag in Schmalstreifen.

D Femelschlag ist eine Kombination von Schirm- und Kleinstkahlschlag.

Unter Plenterung versteht man die stammweise Entnahme von Bäumen aller Altersgruppen.

Bedeutung der unterschiedlichen Bestandsnutzungsformen für das Schalenwild und dessen Bejagung

Die Bestandsnutzung erfolgt unterschiedlich und hängt von der Waldart (Mischwald, Monokultur), der Art der vorgesehenen Verjüngung und der Umtriebszeit der einzelnen Baumarten ab.

Altersstufen des Waldes:	**Bedeutung:**
Kulturen ohne Zaunschutz	in der Regel sehr gute Äsungsmöglichkeiten, bei älteren Kulturen und hoher Begleitflora (z. B. Himbeere, Brombeere, Holunder) auch Deckung, z. B. für Rehwild
Dickungen	in der Regel sehr gute Einstände mit geringen Äsungsmöglichkeiten, daher z. B. Schälschäden durch Rotwild
Stangenhölzer	nur in ruhigen Revierteilen oder in großflächigen Beständen noch Einstand, kaum Äsung
Baumhölzer	in der Regel kein Einstand, Äsung wird nach und nach besser, je nach Lichteinfall
Althölzer	bei Nadelwald (auch in Monokulturen) in der Regel wieder gute Äsungsmöglichkeiten, bei gleichaltrigen Buchenwäldern z. B. aber schlechte Äsungsmöglichkeit, außer in Mastjahren
	Schlussfolgerungen: Im Altersklassenwald weiß der Jäger in der Regel sehr gut Bescheid, wo das Wild tagsüber steht und zur Äsung zieht. Im Plenter- und Femelwald sind die Altersklassen ungleichalt gemischt, d. h. das Wild hat überall kleinflächig Äsung und Deckung. Die Bejagung des Schalenwildes, z. B. durch Ansitzjagd, ist deshalb oft erschwert und es sind andere Jagdmethoden erforderlich, z. B. Bewegungsjagden.

Holzernte, Forsteinrichtung und Hiebsatz

maschinelle Holzernte

abfuhrbereites Stammholz

Schichtholz aus Durchforstung, 2 m lang, gestapelt zur Vermessung nach Raummetern

Bei der Holzernte (Holzeinschlag) werden die Stämme nach dem Fällen mit der Motorsäge **entastet**, gegebenenfalls **entrindet** und **abgelängt (zugeschnitten)**.

Zunehmend werden bei schwächerem Holz Erntemaschinen (z. B. Harvester) eingesetzt, die in einem Arbeitsgang fällen, entasten und ablängen.

Langholz aus ganzen Stämmen bezeichnet man als **Stammholz**. Hochwertige Stammstücke gelten als **Wertholz**.

Im Holzhandel unterscheidet man verschiedene Stärke- und Gütesortierungen. Langholz wird in Festmeter (Fm) = m^3 gemessen. Dabei wird die Masse jedes einzelnen Stammes berechnet. Bei Durchforstungen anfallendes schwächeres Stammholz wird auch oft auf gleiche Längen (in der Regel 2 m, Brennholz = 1 m) geschnitten und dann nach **Raummeter** (**Rm** = Länge des aufgesetzten Stapels x Höhe x Stammlänge) gemessen.

1 Rm mit Rinde = 0,7 Fm

Die Vermessung von Schichtholz erfolgt zunehmend elektronisch in den verarbeitenden Betrieben.

Der Transport des Holzes (Rücken) aus dem Bestand erfolgt zuerst über unbefestigte Schneisen, sogenannte **Rückewege (Rückegassen)** und dann auf für den LKW-Transport ausgebauten Forststraßen. Zunehmend wird das Stammholz auch maschinell auf den Forststraßen entrindet.

Hiebsatz
Der Hiebsatz darf im Sinne einer nachhaltigen Waldbewirtschaftung nicht höher als der jährliche Zuwachs sein. Hiebsatzangaben erfolgen in **Hiebsatz** und für den stehenden Holzvorrat in **Erntefestmeter (= Kubikmeter) ohne Rinde**. Hierunter versteht man **Vorratsfestmeter mit Rinde** (Erntefestmeter + Ast- und Stockholz).

Forsteinrichtung
Die Forsteinrichtung dient in der Forstwirtschaft der Betriebsregelung und ist damit ein Führungs- und Planungsinstrument. Dabei wird der Waldzustand erfasst und Daten über Bestockung, Waldfunktion und Standort gewonnen. Anhand dieser Aufnahme wird der **Hiebsatz** (Gesamthöhe des jährlichen Holzeinschlages auf einer Fläche) für 10 oder 20 Jahre geplant.

Fragen zur Wiederholung

Die Fragen zur Wiederholung sind angelehnt an die Fragestellung der mündlichen Prüfung, in welcher oft übergeordnete Zusammenhänge abgefragt werden. Die Lösungen finden Sie in dem voranstehenden Kapitel 17.

Aus welchen Baumarten setzen sich die natürlichen Mischwälder je nach Höhenlage zusammen?

Welche Ziele verfolgt der „naturnahe“ Waldbau?

Welche Vor- und Nachteile haben Monokulturen im Gegensatz zu stufig aufgebauten Mischbeständen?

Wie unterscheiden sich die Waldbewirtschaftungsformen Hochwald - Mittelwald - Niederwald?

Welche Methoden der Verjüngung eines Waldbestandes gibt es?

Wie viele Pflanzen werden bei den wirtschaftlich wichtigsten Baumarten pro Hektar einer Forstflur gepflanzt?

Welchen Gefahren sind die jungen Forstpflanzen auf der Kulturfläche ausgesetzt?

Welche Bestandsnutzungsformen gibt es?

Welche Bedeutung haben die unterschiedlichen Altersstufen im Wald für das Schalenwild?

Wie erfolgt die Vermessung des eingeschlagenen Holzes?

Wie beurteilen Sie diese Waldfläche von seiner Bedeutung für Rehwild?

Die häufigsten Waldschäden (Forstschäden)

Schadensgruppe	Schadensart und Schadensursache
Schäden durch Naturereignisse	Große Waldschäden entstehen durch das Wettergeschehen, z. B. durch **Windwurf, Schneebruch, Schneedruck, Dürre** und **Spätfrost**. Besonders gefährdet sind hierbei Monokulturen und vorgeschädigte Wälder. Betroffene Schutzwälder können dann ihrer vorgesehenen Funktion nicht mehr gerecht werden. Nadelbäume sind durch Schneebruch mehr gefährdet als Laubbäume. Insbesondere betrifft dies die Fichte, wenn bei Wiederaufforstungen keine schneebruchfesteren Herkünfte der Jungpflanzen verwendet werden.
Schäden durch den Menschen	Die größten Waldschäden entstehen inzwischen durch **Immission von Schadstoffen aus der Luft**. Durch die Immissionsbelastung kommt es nicht nur in Kammlagen zum großflächigen Absterben der Bestände (z. B. Fichtensterben). Aber auch durch Forstarbeiten entstehen Waldschäden im Zusammenhang mit der Bestandsnutzung (z. B. Rückeschäden). Leichtfertiger Umgang mit Feuer führt oft zu Waldbränden.
Schäden durch Pilzbefall	Kostbares Nutzholz wird oft durch flächenmäßig auftretenden Pilzbefall entwertet. Pilze dringen bevorzugt über Rindenverletzungen (z. B. durch Schäl- oder Rückeschäden) ein, es können aber auch die Nadeln bzw. Blätter von Pilzen befallen werden. • Es kommt zu Nutzholzschäden wie z. B. durch Rotfäule, • zu Rindenschäden wie z. B durch Hallimasch und zu • Blätter- bzw. Nadelschäden wie z. B. durch Mehltau, Schütte (Kiefernschütte), Blasenrost.
Schäden durch Insekten	Bestimmte Insekten bzw. deren Jugendformen (Larven oder Raupen) sind insbesondere bei massenhafter Verbreitung große Waldschädlinge.
Schäden durch Nager und Weidevieh	Auch nicht dem Jagdrecht unterliegende Tierarten können Waldschäden verursachen. Keimlinge, Triebe, Knospen und Rinde werden z. B. von Weidevieh (Schafe, Ziegen, Rinder) und von Nagern (Mäuse, Eichhörnchen) benagt bzw. abgeäst. Vor allem in großwüchsigen Kulturen entstehen z. B. durch Mäuse oft Nageschäden.
Schäden durch Wild	**Wald und Wild gehören zusammen und bilden eine Lebensgemeinschaft. Auch der moderne Kulturwald erträgt einen bestimmten Wildbestand.** Überhöhte Wildbestände und / oder Äsungsmangel führen jedoch oft zu **verstärkten Wildschäden**. Bei den Wildschäden unterscheidet man zwischen: • **Verbissschäden (Sommerverbiss und Winterverbiss)** • **Schälschäden (Sommerschäle und Winterschäle)** • **Fegeschäden** **Nach § 1 BJagdG ist der Wildbestand so zu regeln, dass Wildschäden möglichst vermieden werden.**

Klassische Waldschäden und „Saurer Regen“

Durch die jahrzehntelang anhaltende Belastung der Umwelt mit Schwefeldioxid (SO_2) nehmen inzwischen in Deutschland die sogenannten Rauchschäden eine Sonderstellung als „klassische Waldschäden“ ein.

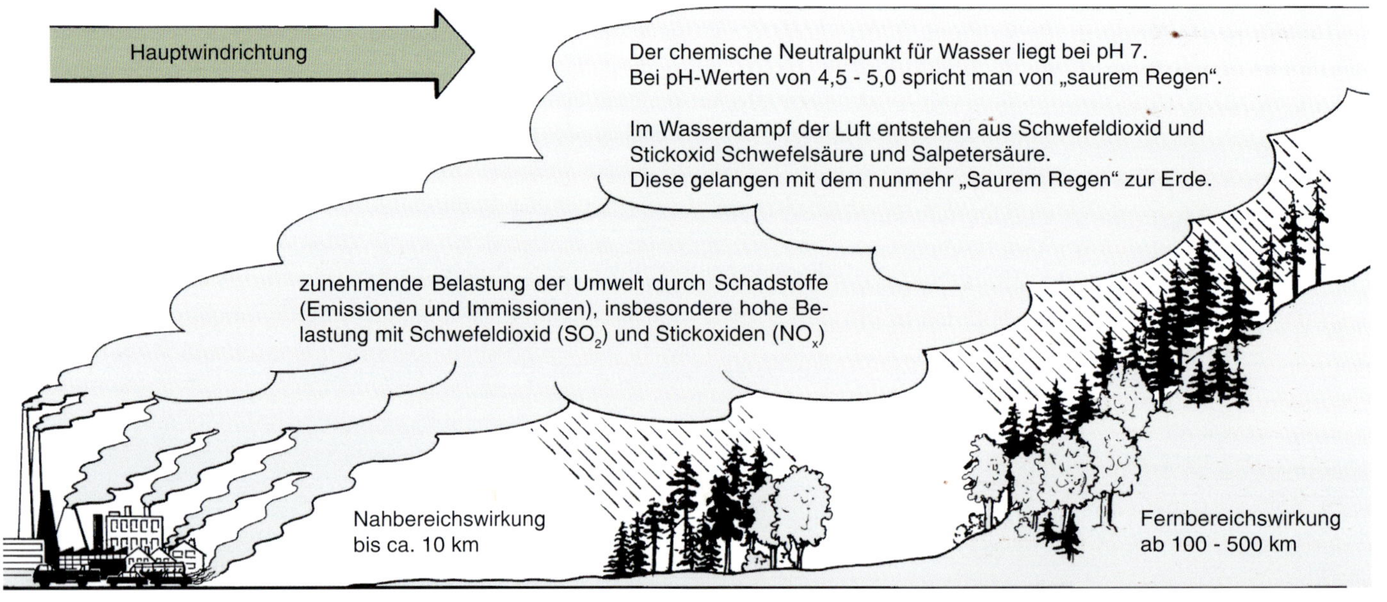

Im sogenannten Nahbereich (bis ca. 10 km) kommt es bereits durch die direkte Einwirkung der Giftgase zu **akuten Schäden an Blattwerk bzw. Nadeln**. Ab einer Entfernung von ca. 100 - 500 km entstehen überwiegend **chronische Schäden**. Infolge der hohen Immissionsbelastung kommt es insbesondere in den **Kammlagen** zum großflächigen **Absterben der Fichtenbestände**. Markantestes Beispiel sind die Höhen des Erzgebirges sowie weitere Mittelgebirge.

Neben Schwefeldioxid sind am „Sauren Regen“ mit beteiligt:

- **Stickoxide (NO_x)**
- **Schwermetalle**
- **Photooxidantien**
  Photooxidantien entstehen durch die Einwirkung von ultraviolettem Licht und wirken ähnlich aggressiv wie Schwefeldioxid bzw. Stickoxide (Stickstoffdioxid).

Durch die Zerstörung der Wachsschicht der Blätter bzw. Nadeln und Schädigung der Blattorgane kommt es zur direkten **Schädigung der Blätter und Nadeln**.

Im Boden bewirkt die Versauerung eine ...

- **Zerstörung der Feinwurzeln**
- **gestörte Nährstoffaufnahme**
- **gestörte Bodenfruchtbarkeit**

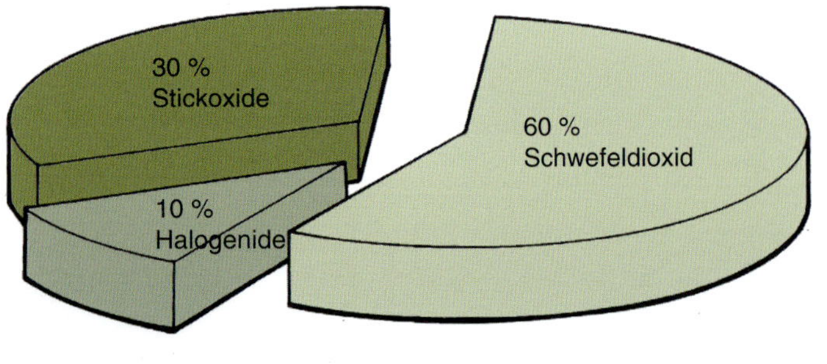

Am „Sauren Regen“ sind hauptsächlich beteiligt:

- ca. 60 % Schwefeldioxid aus **Kraftwerken, Industrie, Haushalten, Verkehr**
- ca. 30 % Stickoxide aus **Verkehr, Kraftwerken, Industrie, Haushalten**
- ca. 10 % Halogenide

Neuartige Waldschäden und Baumsterben - Folgen

gesunde Fichte

Fichte mit mittlerer Schädigung

Fichte stark geschädigt

Die klassischen Waldschäden werden zunehmend von neuartigen Waldschäden überlagert. Diese werden erkennbar an der **Vergilbung von Blättern und Nadeln**. Verantwortlich dafür macht man die zunehmenden **Stickoxid-Emissionen** von Autoverkehr und Industrie und die daraus entstehenden atmosphärischen Umwandlungsprodukte wie z. B. **Ozon**.

Betroffen und erkrankt sind inzwischen nicht nur einzelne Bäume sondern bereits **gesamte Waldökosysteme** und gleichermaßen **Laub- und Nadelbäume**. Derzeit sind in Deutschland bereits ca. 60 % aller über 60 Jahre alten Wälder geschädigt. Den Spitzenplatz hat hierbei zur Zeit die **Tanne mit ca. 80 %**. Aufschluss über die Ausmaße des Baumsterbens geben die vom Bund durchgeführten Waldschadenserhebungen.

Stark gefährdet sind bei den Nadelbäumen auch **Fichten und Kiefern** und bei den Laubbäumen die **Eichen und Buchen**. Die stärksten Schädigungen treten zur Zeit in Sachsen, Bayern, Thüringen und Baden-Württemberg auf.

Die Folgen für die Waldbauern sind:

- verfrühte Verlichtung der Althölzer
- vorzeitiger Ausfall von Baumarten
- erhöhtes Jugendwachstum der Bäume durch einen vermehrten Stickstoffeintrag (NO_x)
- Veränderung der Krautschicht, z. B. von Heidelbeere zu Grasarten
- Ertragsausfall und Verluste durch verfrühten Einschlag und Mindererlöse

Die Folgen für den Jäger sind:

In der Krautschicht entsteht ein zeitweise **vermehrtes Nahrungsangebot für Schalenwild**. Dadurch kommt es zu einer **erhöhten Vermehrung (Reproduktion)** und als Folge davon zu **vermehrten Wald-Wildschäden** wie z. B. Verbiss- und Schälschäden.

Waldschäden und ihre möglichen Ursachen (Zusammenfassung)

Zur Wiederherstellung der Resistenz, Vitalität und Gesundheit unserer Wälder führt nur der Weg über eine grundlegende Reduktion des Schadstoffausstoßes und eine ganzheitliche, ökosystemgerechte Wald- und Forstwirtschaft. Die nachfolgende Aufstellung ist allgemein nicht prüfungsrelevant. Sie soll nur zum besseren Verständnis der Materie beitragen.

Man unterscheidet ...	Mögliche Ursachen in der Luft	im Boden	Merkmale (Schadensbild)	Zeitpunkt des Auftretens, Ausbreitung, Beispiele
Klassische Waldschäden (Rauchschäden)	direkte Wirkung von SO_2 auf die Assimilationsorgane - Dauerbelastungen mit hohen SO_2-Konzentrationen führen zum Absterben der Fichten/Kiefern - chronische und latente Schäden in geringer belasteten Gebieten - Absterbeprozess durch Klimaextreme (Dürre, Frost) beschleunigt	- Säure- und Sulfateintrag, Erdalkaliaustrag - häufig parallel verlaufende Schwermetallakkumulation	- Nadelverlust - Zuwachsminderung - großflächiges Absterben von Fichte, Kiefer in exponierten Lagen	- seit dem letzten Jahrhundert - lokal begrenzt in der Nähe der alten Industriegebiete - Erzgebirge, Freiberg - Dübener Heide - Ballungsgebiete der Industriezentren
Neuartige Waldschäden	- Photooxidantien (z. B. Ozon), die sich lichtabhängig auch aus NO_x bilden können, schädigen Zellmembran und Kutikula-Wachse - saure Niederschläge bewirken Nährstoffauswaschung	- Bodenversauerung mit Abnahme pflanzlich verfügbarer, basischer Nährelemente und Zunahme der Mobilität giftig wirkender Metalle und Schwermetalle - unausgewogene Nährstoffbilanz und Verdünnungseffekte unzureichend vorhandener Elemente (P, Mg, K)	- Verlust und Vergilbung von Nadeln und Blättern - z. T. Absterben von Bäumen und Beständen	- zu Beginn der 80er Jahre - weite geografische Verbreitung - stärkere Ausdehnung in den einzelnen Regionen - Erkrankung fast aller Nadel- und Laubbaumarten innerhalb weniger Jahre - Nordamerika, Kanada, Japan, West- und Mitteleuropa, nach Osten fortschreitend

Tabellenübersicht nach Infoschrift des Sächsischen Staatsministeriums für Ernährung, Landwirtschaft und Forsten

Insektenschäden - Allgemeines

Bestimmte Insektenarten oder ihre Entwicklungsstadien (Larven, Raupen) können bei massenhafter Entwicklung ganze Waldbestände vernichten.

Ein Beispiel aus den letzten Jahren:
Gebietsweise führte 1994 massenhaftes Auftreten des Schwammspinners zum bestandsgefährdenden kompletten Kahlfraß (siehe Fotos).

Durch Insektenschäden besonders gefährdet sind z. B. nach Windwurf (Orkanschäden) oder Trockenzeiten **geschwächte Waldbestände** und alle durch Umwelteinflüsse **vorgeschädigte und erkrankte Bäume**. Langanhaltende Wärmeperioden fördern zusätzlich die massive Schädlingsvermehrung.

Wichtig für erfolgreiche Gegenmaßnahmen ist eine **Früherkennung der Gefahr**. Hierbei kann auch der Jäger dem Waldbesitzer helfen.

Die meisten Insektenschäden entstehen in der Regel durch
- **Borkenkäfer,**
- **Schmetterlingsraupen,**
- **Engerlinge**.

Borkenkäfer
Borkenkäfer gibt es in jedem Wald. Zur Gefahr werden sie durch vermehrtes Auftreten, z. B. nach
- **Schnee- oder Windbruch** und
- **Dürreschäden**.

Man bezeichnet die Borkenkäfer daher auch als Sekundär-Schädlinge. Borkenkäfer legen ihre Eier unter der Rinde ab. Die schlüpfenden Larven bohren Gänge in Rinde und Bast. Durch den gestörten Saftfluss des Baumes kommt es bei verstärktem Befall zum Abfallen der Nadeln, zu Rindenverlust und zum Absterben des Baumes.

Äußere Anzeichen für Borkenkäferbefall sind:
- **Austritt von Bohrmehl**
- **vermehrte Spechteinschläge**
- **Abfallen der Nadeln**
- **Abblättern der Rinde** mit sichtbar werdenen Fraßbildern

Fotos von oben:
fressende Schwammspinnerraupe
Kahlfraß von Eichenmischwald durch Schwammspinnerraupen
Eiablage des Buchdruckers in der Rinde
Buchdruckerlarven (Borkenkäferlarven) in der Rinde

Befall mit Borkenkäfern

links Buchdrucker (Käfer), rechts Fraßbild

links Kupferstecher, rechts Larvengänge mit Larven

Die gefährlichsten Borkenkäfer für Fichtenbestände sind

Buchdrucker [handschriftlich: = Fichtenborkenkäfer]

Merkmale: Käfer ca. 4,2 - 5,5 mm lang, schwarz-braun-glänzend, behaart, typisches Fraßbild mit Hauptgang und seitlichen Fraßgängen.
Der Buchdrucker ist hauptsächlich im unteren, dickrindigen Stammteil zu finden und führt bei starkem Befall durch Zerstörung des Bastes zum Absterben der Bäume.

Kupferstecher

Merkmale: Käfer ca. 1,8 - 2,2 mm lang, Flügeldecken hellbraun-kastanienbraun, typisches Fraßbild mit meist sternförmig angeordneten Fraßgängen.
Der Kupferstecher befällt hauptsächlich die dünnrindigen Baumteile wie Stangenhölzer, Wipfelstücke, Astholz und tritt vermehrt in Dickungen und Stangengehölzen (Reisig) auf.

links Waldgärtner (Käfer), rechts typisches Fraßbild

Kiefern werden hauptsächlich vom **Großen Waldgärtner** befallen. [handschriftlich: = Kiefernborkenkäfer]

Merkmale: Käfer ca. 3,5 - 4,5 mm lang, walzenförmig, bräunlich, typischer Larvenfraß zwischen Borke und Holz. Der Große Waldgärtner ist vorzugsweise im grob-rindigen Stammteil zu finden. Im Mai und August frisst der Käfer in den 1- bis 2-jährigen Trieben, die dann ausgehöhlt abbrechen (beschnittene Kronen).

Zu den sogenannten Prachtkäfern zählt der Kiefernprachtkäfer (ohne Abbildung).

Die Prachtkäfer galten bisher als forstlich relativ unbedeutend, jedoch können die Larven einiger Arten (insbesondere bei kränkelnden Kiefern und auch Fichten) das Absterben befallener Bäume bewirken.

Zum Schutz vor Borkenkäferschäden eignen sich insbesondere vorbeugende Maßnahmen:
Ist die Abfuhr des Nadelholzes aus Wintereinschlag nicht vor April möglich, dann vorbeugend Entrinden der Stämme. Gefährdetes Material, insbesondere aus Schnee- und Windbruch, muss rechtzeitig entfernt werden. Eine direkte Bekämpfung der Borkenkäfer erfolgt z. B. im Frühjahr mit Hilfe sogenannter **Fangbäume**. Hierzu werden **gesunde Bäume nahe dem Befallsherd gefällt und entastet** und nach dem erkennbaren Befall entrindet.

Rüssel- und Bockkäfer

Fichtenrüssler

links Kleiner Pappelbock, rechts Larve im Holzgang

Baumkulturen aller Art wird der **Rüsselkäfer** gefährlich. Junge Nadelbaumkulturen befällt z. B. der **Große braune Rüsselkäfer** oder der **Fichtenrüssler**. Buchen befällt der **Buchenrüssler**. Laubbäume werden vom **Großen und Kleinen Pappelbock** befallen. Die Raupen schmarotzen im Holz, hierdurch kommt es zur Holzentwertung. Bevorzugt befallen werden unter anderem **Pappeln, Espen** und **Weiden**.

Schäden durch Schmetterlingsraupen

links Nonnenfalter, rechts fressende Raupe

links Schwammspinner, rechts Kiefernspinner

Gefürchtete Nadelwaldschädlinge sind z. B. die **Raupen der Nonne**. Der Schmetterling (Nonnenfalter) schwärmt in der Blattzeit und legt seine Eier am **unteren Stamm von Fichten** ab.

Große Laubwaldschädlinge sind vor allem die **Raupen der Spinner** (z. B. vom Schwammspinner und Buchenspinner) und bei Nadelbäumen (Kiefern) die **Raupen vom Kiefernspinner**.

Weitere Schädlinge unter den Schmetterlingen oder Faltern sind bei den sogenannten „Wicklern" z. B. die Eichenwickler, Fichtentriebwickler usw. (ohne Abbildung). Die Larven des Eichenwicklers können z. B. Eichen nahezu kahl fressen.

Schäden durch Schmetterlingsraupen

Zwei Schmetterlingsarten befallen bevorzugt Kiefernreinbestände. Hierbei handelt es sich um

1 **Kiefernspanner** und
2 **Kieferneule** oder **Forleule**.

Die Kiefernspannerraupen fressen hauptsächlich die **Nadeln**. Die Larven der Forleule oder Kieferneule fressen **Nadeln und Knospen**.

Die Larven beider Arten verpuppen sich im Boden. Um festzustellen wie stark der Befall ist, wird im Herbst die Waldstreu nach Puppen abgesucht.

Mit eventuellem Kahlfraß im nächsten Jahr ist zu rechnen:
beim Kiefernspanner mit ca. 15 Puppen / m^2
bei der Kieferneule mit ca. 5 Puppen / m^2

Bekämpfungsmaßnahmen:
Bei waldbestandsbedrohender Massenvermehrung erfolgt die Bekämpfung von Nonne, Kiefernspanner und Kieferneule aus der Luft durch Versprühen von Häutungshemmern.

Solche Maßnahmen sind ausschließlich Aufgaben von Forstfachleuten.

Schäden durch Engerlinge

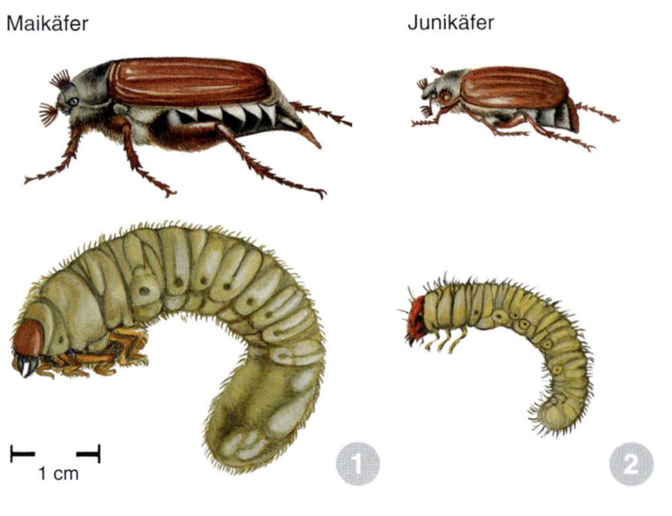

Die Larven (Jugendform) bestimmter Insekten bezeichnet man auch als Engerlinge. Sie entwickeln sich im Boden und schädigen die Wurzeln.

Hauptsächlich findet man bei uns die Larven von

1 **Maikäfer** und
2 **Junikäfer**.

Bekämpfungsmaßnahmen:
Vorbeugende Schutzmaßnahmen sind z. B. Pflanzlochbegiftung oder Schutztauchen der Wurzeln vor dem Einpflanzen.

Vorbeugender Waldschutz - Beeinflussung der natürlichen Abwehrkräfte

Für Jäger und Waldbesitzer gilt allgemein: Vorbeugen ist besser als Heilen!
Der beste vorbeugende Schutz für den Wald besteht in der positiven Beeinflussung seiner natürlichen Abwehrkräfte. Hierbei helfen dem Menschen auch bestimmte Tierarten. Man bezeichnete sie früher allgemein als „Nützlinge". Diese Tierarten gilt es, soweit wie möglich zu schützen und eventuell durch entsprechende Maßnahmen wieder anzusiedeln.

Zu diesen Tieren zählen (Beispiele):

- bei den Singvögeln unsere Höhlenbrüter wie z. B. **Meisen, Kleiber** und **Baumläufer**
- bei den Greifvögeln z. B. **Mäusebussard, Turmfalke, Eulen** und **Käuze**
- bei den Säugetieren als Insektenvertilger z. B. **Fledermäuse, Spitzmäuse, Igel** und **Schwarzwild** (soweit in vertretbarer Wilddichte und als Mäusejäger (unter Jagdrecht stehend) **Fuchs** und **Marderarten**
- bei den Insekten z. B. **Rote Waldameise** und **Puppenräuber**

Schaffung von Nist- und Brutgelegenheiten

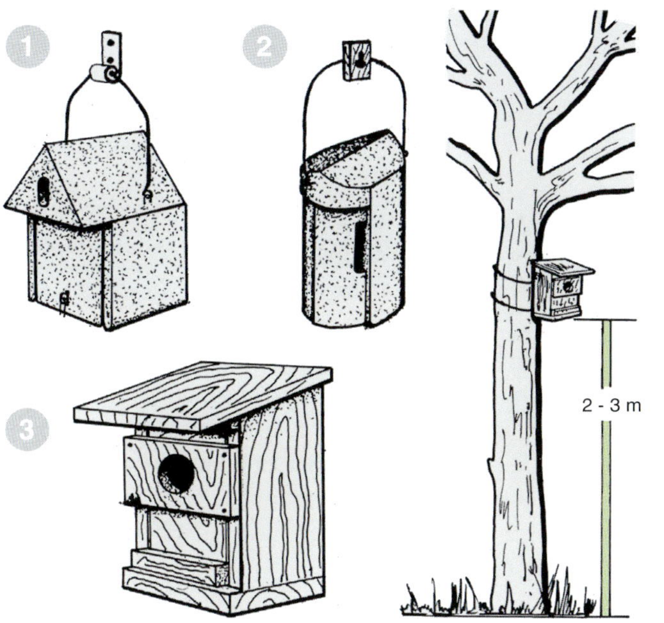

Eine Verbesserung der Lebensbedingungen für die Singvögel erreicht man z. B. durch den Erhalt von stehendem Totholz (abgestorbene Bäume). Dieses bietet insbesondere den Höhlenbrütern Nist- und Brutgelegenheit (siehe Arbeitsblätter Naturschutz).

Zusätzliche Nist-, Brutgelegenheiten und Insektenäsung finden die Vögel bei Reviergestaltungsmaßnahmen z. B. in Form von ...

- **Feldgehölzen**
- **Hecken**
- **Remisen** usw.

Eine besondere Rolle spielen hierbei **naturnahe Waldränder**. Bei Mangel an natürlichen Nist- und Brutgelegenheiten hilft die Anbringung **geeigneter Nistkästen**.

Gebräuchliche Ausführungen sind z. B.:

1 Bayerischer Giebelkasten
z. B. für kleine Höhlenbrüter (Meisen)

2 Spezialnistkasten
z. B. für Baumläufer

3 Tauben- und Eulenkasten
z. B. für Hohltauben und Eulen

Im Allgemeinen rechnet man mit ca. **1 - 3 Nistkästen / ha Fläche**.

Bei der Anbringung von Nistkästen gilt:

- ausreichende Aufhänghöhe von 2 - 3 m
- Richtung der Fluglochöffnung nach Osten
- nur Alunägel verwenden, einfache Nägel können zu einer späteren Nutzholzentwertung führen
- keine Anbringung an hochwertigem Nutzholz

Insekten als Schädlingsbekämpfer

Puppenräuber

Marienkäfer

Ameisen bei der Nahrungsübergabe

Ameisenhaufen

Natürliche, biologische Schädlingsbekämpfer sind z. B. wegen ihrer Fresslust die Laufkäfer. Einer ihrer Vertreter ist der **Puppenräuber**. Er dezimiert die Waldschädlinge durch die Vertilgung ihrer Larven und Puppen und verfolgt seine Beute bis in die Baumkronen hinauf.

Zu den wichtigsten nützlichen Insekten zählen die Ameisen, insbesondere die weitverbreitete **Kleine Rote Waldameise**.

Ameisen leben in gut organisierten Staaten in Ameisenhaufen. Diese können bei günstigen Bedingungen sehr lange an einem Platz bestehen bleiben. Im Einzugsgebiet ihrer Haufen sind selbst bei massenhaftem Auftreten von Schadinsekten die Bäume meist verschont. Desweiteren sorgen Ameisen auch für eine Verbreitung von Pflanzensamen.

Aber auch Ameisen haben Feinde. Für ihre Bauten interessieren sich einige Tiere wie z. B. **Specht, Dachs** und **Fuchs**. Eine Zerstörung der Haufen erfolgt oft auch durch das **Schwarzwild**.

Zu den wichtigsten Schutzmaßnahmen zählen:

- die regelmäßige Überwachung der Haufen
- bei Gefährdung das Aufstellen mechanischer Schutzhauben
  Am besten haben sich bisher Schutzhauben aus Maschendraht mit ausreichender Bodenverankerung bewährt. Von der Größe her ist zu beachten, dass die Haube niemals den größer werdenden Haufen berührt.
  Neuere Untersuchungen bezweifeln aber den Nutzen mechanischer Schutzhauben und sehen eher Nachteile (z. B. Beschattung).

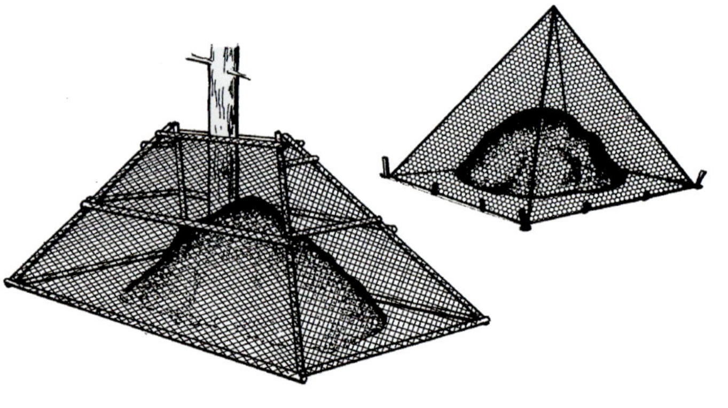

Fragen zur Wiederholung

Die Fragen zur Wiederholung sind angelehnt an die Fragestellung der mündlichen Prüfung, in welcher oft übergeordnete Zusammenhänge abgefragt werden. Die Lösungen finden Sie in den voranstehenden Kapiteln 18 bis 19.

Welche Naturereignisse können den Wald schädigen?

Wie kann an einem Nadelbaum das Alter ermittelt werden?

Welche Folgen haben die neuartigen Waldschäden für die Waldbauern?

Welche vorbeugenden Maßnahmen kann der Waldbesitzer treffen, damit es nicht zu einer Massenvermehrung der Borkenkäfer kommt?

Bei welchen Schmetterlingsarten verursachen die Larven bei Massenvermehrung Schäden am Wald?

Was ist beim Aufhängen von Nistkästen zu beachten?

Wodurch können Ameisenhaufen Schaden erleiden?

Wildschäden an forstwirtschaftlich genutzten Flächen

Aufgabe der Jagd ist heute unter anderem die Herstellung und Erhaltung eines Gleichgewichtes zwischen Wald und Wild. Nach § 1 BJG ist der Wildbestand so zu regulieren, dass Wildschäden möglichst vermieden werden.

Überhöhte Schalenwildbestände sind soweit zu verringern, dass eine natürliche Verjüngung der Hauptbaumarten möglich ist. Daneben gilt es, die natürlichen Lebensbedingungen des Wildes zu verbessern, z. B. durch die Erhaltung eines möglichst naturnahen Lebensraumes.

Bei den Wildschäden im Wald unterscheidet man hauptsächlich drei Schadensarten:

Verbissschäden	Schälschäden	Fegeschäden
Sie werden verursacht von ... **Rotwild** **Rehwild** **Damwild** **Sikawild** **Muffelwild** **Hasen** aber auch von **Gamswild**	Sie werden verursacht von ... **Rotwild** seltener von ... **Damwild** **Muffelwild** **Sikawild** aber auch von **Hase** **Kaninchen** (z. B. Wildobst)	Sie werden verursacht von ... **Rehbock** **Rothirsch** **Damhirsch** **Sikahirsch**

Auch das Schwarzwild kann im Wald Schaden verursachen, so z. B. durch die Beschädigung von Kulturzäunen, wodurch in der Folge z. B. Rehwild eindringen kann. Fraßschäden können auch an Eichen- oder Buchensaaten auftreten. Durch die zunehmende Gefährdung der Wälder durch neuartige Waldschäden (Waldsterben) ist zu ihrem Erhalt eine gesicherte Verjüngung wichtig. Besonders bedrohlich ist die Situation in unseren Bergwäldern.

Wie beim Landbau ist entstandener Wildschaden vom Geschädigten bei der zuständigen Gemeinde zwecks Wildschadenersatz anzumelden. Die Geltendmachung von Wildschäden, Wildschadenverfahren und Schadenersatz sind gesetzlich im Bundesjagdgesetz und in den Länderbestimmungen (Verordnungen) geregelt (weitere Einzelheiten siehe LW 11.2).

Anmeldefristen für ersatzpflichtige Wildschäden:
- **Schäden, die nach dem 1. Oktober entstanden sind, sind bis zum 1. Mai anzumelden.**
- **Schäden, die nach dem 1. Mai entstanden sind, sind bis zum 1. Oktober anzumelden.**
- **Diese Anmeldefristen sind Ausschlussfristen.**

Rehwildverbiss

Hasenverbiss

Ersatzpflichtige Wildschäden

Wildschaden im Wald muss ersetzt werden bei ...
- **Kulturen mit Hauptbaumarten, auch wenn übliche Schutzvorrichtungen vorhanden sind,**
- **Kulturen mit Nebenbaumarten, nur bei Errichtung üblicher Schutzvorrichtungen,**
- **gemischten Kulturen mit Hauptbaumarten und beigemischten Nebenbaumarten.**

Wildschaden im Wald muss z. B. nicht ersetzt werden ...
- **an Kulturen mit Nebenbaumarten bei fehlenden oder schadhaften Schutzvorrichtungen,**
- **in Baumschulen,**
- **an einzelnstehenden Bäumen (z. B. Alleen) außerhalb des Waldes.**
  §§ Unterschiedliche Ländergesetze beachten!

Ein Anspruch auf Wildschadenersatz ist ausgeschlossen, wenn ...
- **der Schaden vom Geschädigten nicht fristgerecht gemeldet wurde.**
- **der Geschädigte Schutzmaßnahmen des Jagdausübungsberechtigten verweigert oder unwirksam gemacht hat.**

Maßnahmen zur Wildschadensverhütung - Allgemeines

Die Maßnahmen zur Wildschadensverhütung im Wald lassen sich wie beim Landbau einteilen in ...

indirekte Maßnahmen

Auch beim Waldbau gelten die allgemeinen vorbeugenden Schutzmaßnahmen des Landbaues.

Grundvoraussetzung ist die Anpassung des Wildbestandes an eine tragbare Wilddichte (Schalenwild).

Besonders wichtig ist die Verbesserung der
- **Lebensbedingungen des Wildes**
  und die
- **Erhaltung bzw. Schaffung standortgerechter Mischwaldbestände.**

direkte Maßnahmen

Möglichkeiten hierfür sind z. B.:
- eine naturnahe Waldpflege,
- langfristige Verjüngungsverfahren,
- Förderung fruchttragender Laubbäume,
- Erhalt von Weichholzarten
  sowie die zusätzliche Anlage von
- Wildäsungs- und Verbissflächen (Prossholz),
- Einrichtung von Ruhezonen für das Wild,
  aber auch
- der Schutz junger Bestände in Form von Flächen- oder Einzelschutz durch verschiedene Schutzvorrichtungen.

Schutzvorrichtungen - Allgemeines

Beim Schutz von Forstpflanzen unterscheidet man bei den direkten Maßnahmen zwischen dem **Flächenschutz der Kultur** und dem **Einzelschutz der Bäume**. Ein Flächenschutz erfolgt durch **wildsichere Zäune** deren Höhe durch die Sprunghöhe des Wildes bestimmt wird. Der Einzelschutz kann durch **chemische oder mechanische Schutzmittel** erfolgen. Ihre Höhe wird durch die Verbisshöhe des Wildes bestimmt. Schutzvorrichtungen, die wirksam sein sollen, müssen in Schutzhöhe und Schutzdauer bestimmten Anforderungen genügen. Diese sind abhängig von der **Baumart**, dem **Wachstum** und der **Hauptwildart**. Gegen **Rehwildverbiss** rechnet man mit einem Schutz für ca. **4 - 15 Jahre**. Gegen **Rotwildverbiss** rechnet man mit einem Schutz für ca. **6 - 25 Jahre**.

Verbissschäden

Verbiss an Fichte

Gamswildverbiss (Weißtanne)

Winterverbiss (Eiche)

Sommerverbiss (Ahorn)

Nach der Jahreszeit unterscheidet man beim Verbiss zwischen ...

Winter-Verbissschäden	**Sommer-Verbissschäden**
Betroffen sind hauptsächlich **Nadelbäume,** aber auch **Laubbäume**. Hierzu kommt es während der **Vegetationsruhe (Oktober bis April)**.	Betroffen sind hauptsächlich **Laubbäume**. Hierzu kommt es während der **Vegetationszeit (Mai bis September)**. Bei Nadelbäumen kommt es vor allem zu einem **Maitrieb-Verbiss**.

Durch Verbiss des Terminal-(Haupt-)triebes wird der Baum im Höhenwachstum gehemmt. Nadelbäume reagieren auf alle Verletzungen im Gegensatz zu Laubbäumen mit **Harzaustritt (= natürliche Schutzschicht)**.

Im Gegensatz zu gepflanzten Kulturen sind Naturverjüngungen in der Regel oft nicht so anfällig gegen Verbiss, da die Baumschulherkünfte optimal mit Nährstoffen versorgt sind und so für das Wild schmackhafter sind.

Vogelbeeren werden in der Regel bevorzugt verbissen, treiben jedoch gut wieder aus.

Bevorzugt verbissen werden bei den Bäumen Tanne und alle Laubbaumarten, ausgenommen Erle und Birke. Stark verbissen werden können auch Fichte, Kiefer, Lärche. Verbissen (abgebissen) werden vom Wild die **Leit- und Seitentriebe**. **Schalenwildverbiss** erkennt man meist an der **ausgefaserten Abbissstelle**. **Hasenverbiss** zeigt in der Regel einen **glatten, meist schrägen Abbiss**. Die Folgen von Wildverbiss sind **kein Zuwachs, Zwieselbildung (Verkrüppelung)** und **kümmerndes Wachstum**.

Allgemein werden gerne Bäume verbissen, die an der jeweiligen Gesamtbestockung in der Minderzahl sind. Diese Bevorzugung führt zur Entmischung von Mischkulturen durch sogenannten Selektionsverbiss und auf längere Sicht zur Herausbildung unerwünschter Monokulturen. Die Jungbäume gehen entweder durch Totverbiss ein oder werden durch andere unverbissene Baum- und Pflanzenarten überwachsen.

Flächenschutz durch Zäunung

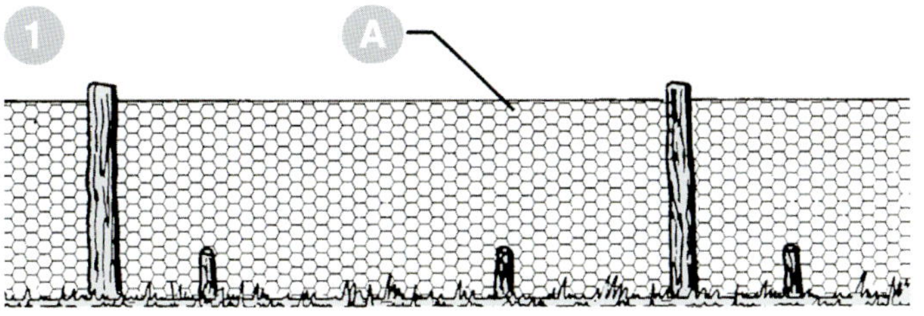

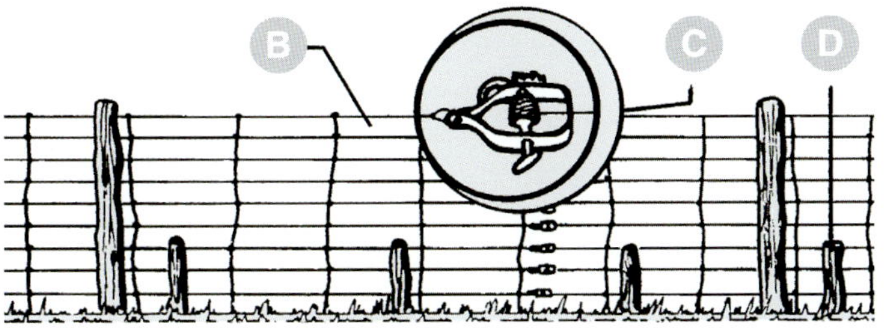

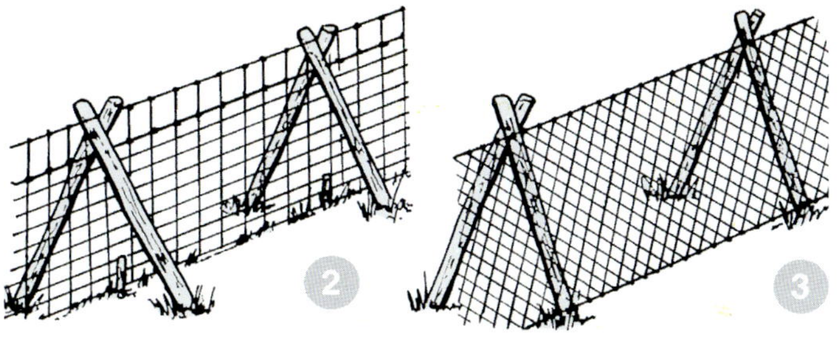

Viereckgeflechtzaun mit kombinierten Maschengrößen

Zäunungen dienen insbesondere zum Schutz von Kultur- und Verjüngungsflächen vor Sommer- und Winterverbiss bei gleichzeitigem Schäl- und Fegeschutz.

Um Wild von forstlichen Kulturen fernzuhalten (Flächenschutz) eignen sich unterschiedliche Zaunarten (Kulturzäune).

Nach ihrer Konstruktion unterscheidet man zwischen:

1 **Pfostenzaun**
2 **Hängezaun**
3 **Stützenzaun**

Bewährt haben sich hierbei verschiedene Drahtgeflechtzäune. Man unterscheidet hauptsächlich zwischen Sechseckgeflechten **(A)**, Viereckgeflechten **(B)** und Knotengeflechten. Inzwischen gibt es im Handel Zäune mit kombinierten unterschiedlichen Maschengrößen. Gespannt werden die Zäune mit Hilfe von Drahtspannern **(C)** und zusätzlichen Heringen **(D)** im Boden.

Zugang zur Kultur erhält man durch Übersteige und / oder Tore. Tore an Zaunecken ermöglichen auch das Heraustreiben eingedrungenen Wildes.

Zaunart und Zaunhöhe richten sich nach der **vorkommenden Wildart**.

Schutz vor Kaninchen bieten z. B. Sechseckgeflechte mit max. 40 mm Maschenweite. Zusätzlich muss der Zaun ca. 30 cm tief eingegraben werden.

Anforderungen:	**für Rehwild gilt:**	**für Rot- und Damwild gilt:**	**für Schwarzwild gilt:**
Geflechtart	Sechseckgeflecht	Knotengeflecht	Knotengeflecht
Maschengröße	ca. 64 mm	ca. 15 - 30 cm	ca. 15 - 30 cm (wie Rotwild)
Zaunhöhe	ca. 1,5 m	ca. 1,7 - 2,0 m, je nach Schneelage auch höher	ca. 1,3 m
Pfahlabstände	ca. 3 - 4 m	ca. 4 m	ca. 4 m
zusätzliche Sicherung durch	--------	Heringe im Abstand von ca. 1 - 1,5 m	ca. 90 cm lange Heringe im Abstand von ca. 1 m

Nachteile der Zäunungen sind der Flächenentzug als Lebensraum und der Zauneffekt durch Verdrahtung der Landschaft. Sehr wichtig ist es, dass nicht mehr benötigte Kulturzäune abgebaut werden, damit diese Flächen wieder als Wildlebensraum zur Verfügung stehen. Verfallene Zäune werden auch oft zu Wildfallen. Gerade bei Geweihträgern besteht die Gefahr des Verhängens in den Drahtresten.

Einzelschutz

Beim Einzelschutz unterscheidet man hauptsächlich drei Verfahrensarten:
- **mechanischer Schutz**
- **mechanisch-biologischer Schutz**
- **chemischer Schutz**

Beim Verbiss-Einzelschutz unterscheidet man zwischen **Gesamtschutz der Pflanze** und **Knospenschutz**.

Beim mechanischen Gesamtschutz erfolgt ein Schutz der ganzen Pflanze durch **Einhüllen in eine Drahthose**. Solche Drahthosen werden in der Regel aus Sechseckgeflechten hergestellt und bieten mit der Sicherheit eines Zaunes einen **jahrelangen Schutz** ohne jedoch große Flächen wilddicht einzuzäunen.

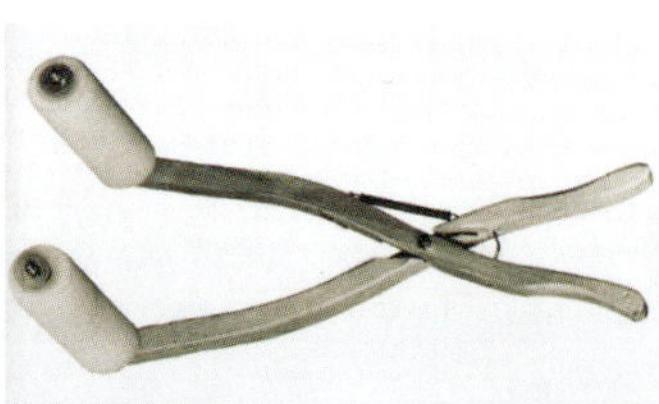

Drahthosen schützen die Jungbäume vor Verbiss-, Fege- und Schälschäden.

Höhe und Maschenweite der Drahthose hängen von der jeweiligen Wildart und den unterschiedlichen Landesvorschriften ab. Nicht mehr benötigte Drahthosen sollten entfernt werden.

Wildart:	Maschenweite:	Höhe:
Rehwild	ca. 38 mm	ca. 1,1 m
Rotwild	ca. 51 mm	ca. 1,7 m
Damwild	ca. 51 mm	ca. 1,5 m
Muffelwild	ca. 51 mm	ca. 1,5 m

Beim mechanischen Knospenschutz wird die Gipfelknospe (Leittrieb) geschützt. Hierbei wird die Gipfelknospe z. B. mit Schafwolle oder Hanf umwickelt. Bewährt haben sich auch handelsübliche Knospenklemmen.

Nachteil:
Der Knospenschutz muss jährlich durch das Nachwachsen bedingt erneuert werden.

Beim chemischen Verbiss-Einzelschutz wird der obere Teil der Pflanze, insbesondere Leittrieb und Gipfelknospe, geschützt.

Das Anbringen eines säurefreien, chemischen Schutzmittels (Vergällungsmittel) erfolgt durch **Aufspritzen** oder durch **Aufstreichen** mit Hilfe einer Zangenbürste (Kuckuckszangenrolle). Der Anstrich erfolgt im Oktober - November und wirkt mit seinem schlechten Geschmack maximal 6 - 7 Monate lang.

Drahthosen mit zusätzlichen Stützpfosten (oben)
Knospenschutz mit Schafwolle (mitte links)
Knospenklemme (mitte rechts)
Verbissschutz durch Aufstreichen (unten links)
Doppelbürste (Zangenbürste) Marke „Waldfreund“, (unten rechts)
Verbissmittel-Zange von der Fa. Grube-Forstgeräte KG

Fegeschäden und Schlagschäden

junger Rehbock beim Fegen

typische Fegeschäden

Geweihträger schieben jährlich ein neues Geweih. Der absterbende Bast wird von den männlichen Stücken an Büschen und Bäumen abgerieben. Abhängig vom zeitlich verschobenen Geweihwachstum der Cerviden entstehen die **Fegeschäden** durch die Wildarten zu unterschiedlichen Zeiten.

Wildart:	Fegeschäden in der Zeit von:
Rehböcke	März - Juni
Rothirsche	Ende Juli - September
Damhirsche	August - September

Bevorzugt gefegt werden junge Bäume mit noch glatter Rinde und die in der Minderzahl vertretenen Mischbaumarten, insbesondere **junge Lärchen, Douglasien, Weymouthkiefern** und **Laubbäume,** aber auch **Fichten** und **Kiefern**. Rehböcke fegen in einer Höhe von 20 - 80 cm, Rot-, Dam- und Sikahirsche entsprechend höher. Oft wird die Rinde restlos abgerieben und die Jungbäume sterben ab.

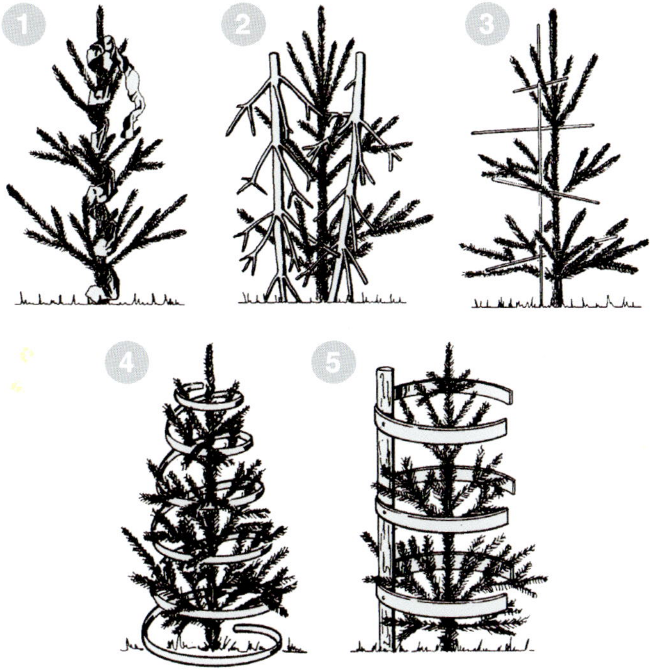

Neben diesen Schäden, die durch das eigentliche Fegen entstehen, treten außerdem noch sogenannte **Schlagschäden** mit dem fertigen Geweih auf.

Es handelt sich hierbei um Kronenschäden an Jungbäumen, die durch Imponierverhalten (z. B. beim Rothirsch in der Brunft) entstehen.

Ein Fegeschutz erfolgt überwiegend in Form von Einzelschutz.

Gebräuchliche Fegeschutzeinrichtungen sind Drahthosen (siehe LW 20.5) sowie das Anbringen von ...

1 **Aluminiumfolie**
2 **Raugiebel (trockene Nadelholzwipfel)**
3 **Stachelbaum (Metall)**
4 **Fegespirale**
5 **Pfisterpfahl**

Schälschäden

Als „Schälen“ bezeichnet man das Abnagen und Abreißen der Rinde. Zu vermehrten Schälschäden kommt es bei Nahrungsmangel im Einstand und bei häufigen Störungen.

Schälschäden können zu allen Jahreszeiten auftreten. Hauptsächlich unterscheidet man zwischen **Winterschäle, Sommerschäle** und der am unteren Stammteil begrenzten **Wurzelschäle**.

Durch Abnagen und Abreißen verschieden großer Rindenpartien entstehen Wunden (Bastverletzungen). Diese ermöglichen wiederum das **Eindringen von Pilzen**. Hierdurch kommt es zu **Fäule, Holzentwertung** und **verstärkter Wind(Schnee-)bruchanfälligkeit**.

Während bei der Winterschälung die Rinde nur abgenagt wird, entstehen bei der Sommerschälung größere Wunden am Stamm. Die Rinde wird dabei zusammen mit dem Bast in Streifen abgerissen.

Nicht alle Baumarten werden gleich stark geschält. Gerne geschält werden z. B. **Fichte, Strobe, Kiefer, Tanne, Lärche, Esche, Buche** und andere. Seltener geschält werden **Erle** und **Birke**.

Bei der Schälung von Kiefern und Lärchen kommt es im Gegensatz zur Fichte nicht zur Fäulnisbildung (Rotfäule). Schälschäden werden hauptsächlich von Rotwild, aber auch von Dam-, Sika- und Muffelwild verursacht. Hauptsächlich bei der Sommerschäle verursacht das Rotwild schwere Schäden an **jungen Fichten, Kiefern** und **Rotbuchen**.

Die noch nicht verborkte Rinde wird in einer Höhe von ca. 90 - 150 cm oft restlos abgezogen. Diese Schälschäden führen oft zu **Wuchsverformungen** und zum **Absterben der Bäume**.

Nageschäden verursachen Hase und Kanin (z. B. an jungen Obstbäumen).

Fotos von oben:
Winterschälung durch Rotwild an Kiefer im Dickungsalter (oben links)
Winterschälschaden im Stangenholz (oben rechts)
Sommerschälung durch Rotwild an Kiefer im Dickungsalter (mitte links)
alter Schälschaden an Strobe mit beginnender Überwallung (mitte rechts)
alter, fast vollkommen verwachsener Schälschaden, durch nachfolgende Rotfäule kommt es zu Verdickungen im geschädigten Erdstammbereich (unten links)
Mehlbeere mit Winterschälung durch Hase und verbissenen Stockausschlägen (Rehwild) (unten rechts)

Chemische und mechanische Schälschutzverfahren

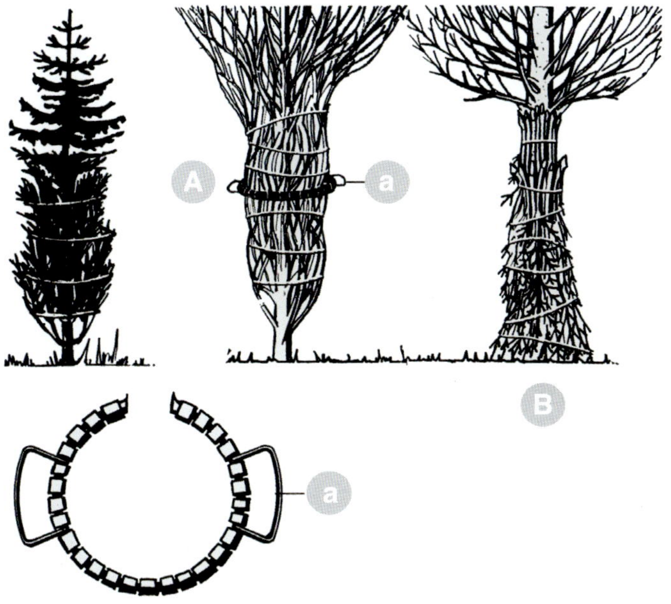

Schälschutz ist überwiegend nur als Einzelschutz möglich. Man unterscheidet zwischen

- **chemischen Schälschutzverfahren** und
- **mechanischen Schälschutzverfahren**.

Beim chemischen Schälschutz erfolgt ein Anstreichen der Stämme mit **chemischen Schutzmitteln**. Die Schutzdauer beträgt ca. 5 - 10 Jahre.

Zum mechanischen Schälschutz zählen z. B.:

A **Grüneinband**
B **Trockeneinband**

Gegen Rotwildschäle haben sich auch Einbände mit Poly-Net bewährt.

Beim sogenannten „Grüneinband" **(A)** werden die noch grünen Zweige um den Stamm gebunden. Hierzu verwendet man z. B. **Grüneinbandringe (a).**

Beim „Trockeneinband" **(B)** wird bis auf eine Höhe von ca. 2 m trockenes Astmaterial am Stamm mit Draht befestigt. Die Schutzdauer beträgt ca. 10 - 20 Jahre.

Poly-Net-Schälschutz-Wickelmethode (Fa. Grube KG)

Mechanisch-biologische Schälschutzverfahren

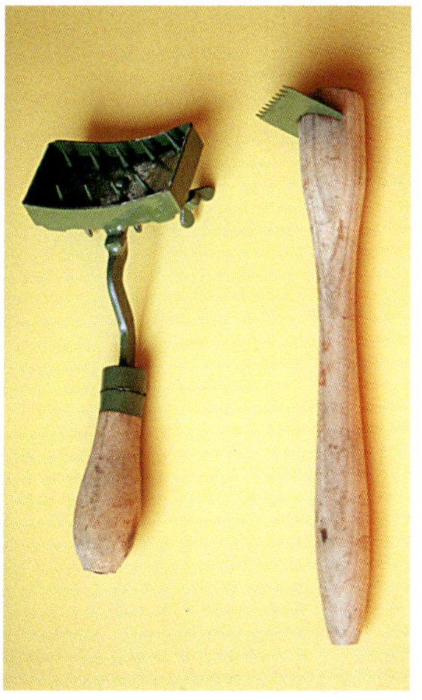

Zu den mechanisch-biologischen Schälschutzverfahren zählt das sogenannte Hobeln oder Kratzen der Rinde mit speziellen Rindenhobeln oder Rindenkratzern.

Durch die leichte Verletzung der Rinde kommt es zum Harzaustritt und zur Bildung von Wundkork. Durch die frühzeitige Verkorkung der Rinde erhält der so behandelte Stamm einen lebenslangen Schutz.

Das Kratzen oder Hobeln erfordert entsprechende Fachkenntnisse. Es soll nur der Harzausfluss angeregt werden, ohne dass der Baum durch die kleine Verletzung geschädigt wird. Gehobelt oder gekratzt wird in den Monaten Mai - August (im Saft).

Kratzen der Rinde (links)
gebräuchliche Rindenkratzer (rechts)

Fragen zur Wiederholung

Die Fragen zur Wiederholung sind angelehnt an die Fragestellung der mündlichen Prüfung, in welcher oft übergeordnete Zusammenhänge abgefragt werden. Die Lösungen finden Sie in dem voranstehenden Kapitel 20.

Im waldbaulichen Sprachgebrauch unterscheidet man zwischen Haupt- und Nebenbaumarten. Wie wirkt sich diese Einteilung in Bezug auf Wildschäden aus?

Durch welche vorbeugenden Maßnahmen lassen sich unter bestimmten Voraussetzungen Wildschäden im Wald vermeiden?

Welche Möglichkeiten gibt es, Forstkulturen vor Wildschäden zu schützen?

Welche Auswirkungen hat ein Schälschaden z. B. an einer Fichte?

Welche Möglichkeiten zum Schutz vor Fegeschäden gibt es?

Mensch und Wildtier in der Kulturlandschaft

Die Landnutzung des Menschen hat auf die Lebensbedingungen der verschiedenen Tier- und Pflanzenarten unterschiedliche Auswirkungen. So werden z. B. kulturflüchtende Arten (das sind Arten, die gegenüber einer Verschlechterung ihres Lebensraumes wegen ihrer geringen Anpassungsfähigkeit empfindlich reagieren) verdrängt.
Typische **Kulturflüchter** sind z. B. **Raufußhühner** und **Sonnentau**.

Andererseits vermehren sich andere Arten in der Kulturlandschaft aufgrund verbesserter Lebensbedingungen und / oder größerer Anpassungsfähigkeit überdurchschnittlich. Man spricht von den **Kulturfolgern**. Typische Kulturfolger sind z. B. **Rehwild, Fuchs, Rabenvögel, Amsel, Haussperling, Türkentaube** und **Löwenzahn**.

Als Folge davon können Kulturfolger auch Kulturflüchter verdrängen. Außerdem können sich Tierarten mit sehr breitem Nahrungsspektrum, man spricht von **Generalisten**, auf andere Arten bestandsgefährdend auswirken.
Beispiel: Eine hohe Fuchs- und / oder Habichtpopulation gefährdet den Bestand von Rebhühnern und / oder Raufußhühnern.

Verdrängungseffekte (schwindender Lebensraum) und die Verfolgung durch Fressfeinde können das Erlöschen von Arten bewirken.

Eine Vielzahl von Tieren waren **ursprünglich Kulturfolger** wie z. B. **Rebhuhn, Feldhase, Weißstorch**. Sie fanden zwar durch die Landnutzung des Menschen zunächst optimale Lebensbedingungen, reagierten dann aber (durch Verschlechterung des Lebensraumes durch noch intensivere Nutzung) schnell mit einem Bestandsrückgang.

Kulturfolgeeffekte mit durch den Menschen verursachter zeitlicher Lebensraumverengung können außerdem zu untragbaren Wildschäden führen. So kommt es z. B. im Winterhalbjahr zu einem erhöhten Verbiss durch Rehwildmassierungen im Wald.

Deshalb zählt zu den Aufgaben des Jägers, durch ...

- **vorbeugende Maßnahmen eine weitere Zerstörung von Lebensraum zu verhindern,**
- **wiederherstellende Maßnahmen die gestörten Lebensräume wieder zu verbessern,**
- **wirtschaftliche Maßnahmen (z. B. Abschuss) die Bestände wild lebender Tiere in tragbaren Höhen zu halten.**

Die wirtschaftlichen Maßnahmen können gleichzeitig auch vorbeugend sein.

Beispiel:
Rehwildbejagung im Bergwald; wenn es durch einen erhöhten Verbiss zu einer Entmischung der natürlichen Baumartenzusammensetzung kommt.

Zu den wirtschaftlichen Maßnahmen gehören auch alle mit der Wildhege verbundenen Ziele, insbesondere eine auf ökologischen Erkenntnissen basierende **Abschussplanung** und **Bejagung**.

Gewinner unserer Kulturlandschaft: Fuchs
Verlierer unserer Kulturlandschaft: Feldhase

Ziel der Hege

Sinn und Ziel der Hege ist die Erhaltung eines artenreichen und gesunden Wildbestandes. Dieser Wildbestand muss den landschaftlichen und landeskulturellen Verhältnissen angepasst sein (§ 1 BJagdG). Die Hege hat auch die **Pflege und Sicherung der Lebensgrundlagen** für möglichst viele Wildarten durch **Schaffung und Erhaltung geeigneter Lebensräume** zum Ziel. Wir bezeichnen solche Maßnahmen als **Biotophege**.

Steht ein Wildbestand im Missverhältnis zu seinen Lebensgrundlagen oder kam es zu einer Verschiebung der inneren Gliederung (z. B. bei Geschlechterverhältnis, Altersklassen) dann spricht man von Überhege.

Die Folgen von Überhege sind in der Regel eine **schlechte Verfassung des Wildes**, die **Zunahme von Wildkrankheiten** und oft **starke (vermehrte) Wildschäden**. Es darf auch nicht zu einer **Übernutzung des Wildbestandes** (d. h. die Nutzung (Abschuss) ist höher als der Zuwachs) kommen. Dies kann auch eine Destabilisierung des Bestandes bewirken. Es muss das Prinzip der **Nachhaltigkeit** eingehalten werden.

Die Hege ist so durchzuführen, dass Land-, Forst- und Fischereiwirtschaft nicht untragbar belastet werden und Wildschäden möglichst vermieden werden.

Gesetzliche Grundlagen zur Hege

Die gesetzlichen Grundlagen jeder Hegemaßnahme sind im **Bundesjagdgesetz (BJagdG), Bundeswaldgesetz (BWaldG)** und in den verschiedenen **Ländergesetzen** verankert. **Die Hege des Wildes als gesetzliche Pflicht ist mit dem Jagdrecht untrennbar verbunden.**

Allgemeine Grundsätze zur Hege

Die wichtigsten Hegemaßnahmen:

- Feststellung des **Wildbestandes**
- Feststellung der zur Verfügung stehenden **speziellen Wildfläche** und des (zu erwartenden) **Zuwachses**
- Schaffung einer dem Lebensraum **angepassten Wilddichte**
- Schaffung eines ausgeglichenen **Geschlechterverhältnisses** und **Altersklassenaufbaues**
- Einteilung des männlichen Schalenwildes in **Altersklassen (Stärkeklassen)** und / oder **Güteklassen**
- Bejagung aufgrund einer sinnvollen **Abschussplanung** mit anschließender **Erfassung und Kontrolle des Abschusses**

Weiter sind als Hegemaßnahmen notwendig:

- Schutz des Wildes vor Nahrungsmangel, insbesondere in den äsungsarmen Zeiten, z. B. durch die Anlage von Wildäsungsflächen und, wenn dies in Notzeiten nicht ausreicht, durch Fütterungen
- Schutz des Wildes vor dem Menschen, z. B. durch Schaffung von Wildschutzgebieten (Ruhezonen), z. B. im Bereich von Rotwildfütterungen
- Schutz des Wildes vor zu starkem Druck durch Raubwild (Beutegreifer), z. B. mit Hilfe der Fallenjagd - auch bezeichnet als „Hege mit der Falle“
- Schutz des Wildes vor Krankheiten durch vorbeugende Maßnahmen wie z. B. Verringerung der Wilddichte

Bei allen Maßnahmen sind die Bestimmungen der jeweiligen Bundesländer zu beachten.
Da die meisten Reviere für eine erfolgreiche Wildhege zu klein sind, erfolgt ein Zusammenschluss in **Hegegemeinschaften**.

Wildschutz

Beim jagdbaren Wild handelt es sich nur um einen kleinen Teil unserer Tierwelt. Dem Jagdrecht (Wild § 2 BJagdG) unterliegen Tiere aus den Klassen der Säugetiere (Haarwild) und der Vögel (Federwild). Dem Jäger und seinem Schutz obliegen aber nicht nur die jagdbaren Tiere, sondern alle wild lebenden Tiere, insbesondere auch Arten, die unter Naturschutz stehen. Bei Maßnahmen zur Reviergestaltung hat er auch diese Arten aktiv zu schützen und ihren Bestand zu sichern und zu fördern.

Unter Wildschutz versteht man alle Maßnahmen zum Schutz des Wildes. Der Wildschutz gibt dem Jäger das Recht und die Pflicht, alle Gefahren, die dem Wild drohen, nach Möglichkeit abzuwenden. Der Wildschutz umfasst auch Vorschriften für den Jagdausübungsberechtigten bezüglich der **Jagd- und Schonzeiten**. Diese gelten auf **Bundesebene**. Laut § 22 BJagdG können die Länder davon Abweichungen erlassen und auf dem Verordnungsweg ergänzende Sonderbestimmungen oder Einschränkungen treffen.

Der Schutz des Wildes vor übermäßigem Druck durch Beutegreifer ist Gegenstand der normalen Jagdausübung.

Schonzeiten

Schonzeiten für jagdbare Tiere wurden bereits im 14. Jahrhundert erlassen. Ursprünglich dienten sie lediglich zur Schonung der Muttertiere und zur Sicherung der Jagdausübung für den jeweiligen Herrscher.

Seit Anfang dieses Jahrhunderts dienen die Schonzeiten **zur Regulation des Jagddruckes**, **zur Sicherung des Nachwuchses** und **zur Erhaltung selten gewordener Arten** (z. B. durch ganzjährige Schonung). **Die Schonzeitenregelung ist für den Jäger eine Verpflichtung.**

Beispiele:

Schutz der Muttertiere: führende Rehgeiß mit Gesäuge

Murmeltier (ganzjährig geschont)

Wildkaninchen (ganzjährige Jagdzeit)

Natürliche Feinde unseres Wildes (Beutegreifer)

jagdbare Tierart - Baummarder

nicht jagdbar - Wanderratte („Raubzeug")

Als Beutegreifer bezeichnet man alle frei lebenden Tierarten, die sich räuberisch ernähren, d. h. die beim Nahrungserwerb auf das Schlagen und das Reißen von (Beute-) Tieren angewiesen sind.

Jagdbare Tiere sind beispielsweise **Fuchs, Marder, Iltis, Wiesel, Fischotter** und **Wildkatze**. Hierzu zählen aber auch die Arten, die nicht dem Jagdgesetz unterliegen, z. B. **Wolf** und **Bär** sowie die dem Jagdrecht unterliegenden **Greifvögel** und die unter Naturschutz stehenden **Eulen**.

Der Begriff „Raubzeug" ist im Bundesjagdgesetz nicht mehr enthalten. Man verstand früher unter „Raubzeug" alle weiteren Tierarten, die die Niederwildbesätze negativ beeinflussen und die keinen besonderen Schutz genossen. Diese Arten unterstehen weder dem Jagdrecht noch dem Naturschutzrecht.

Zum „Raubzeug" zählen insbesondere die Wanderratte und - soweit länderweise nicht dem Jagdrecht untergeordnet - auch Waschbär und Marderhund sowie wildernde Hunde und streunende Katzen.

Die früher zum Raubzeug zählenden Rabenvögel wie **Rabenkrähe, Elster** und **Eichelhäher** stehen laut Bundesartenschutzverordnung jetzt **unter Naturschutz**.

Diese Bestimmung kann länderweise gelockert werden. In Bayern sind z. B. die genannten Vögel derzeit **jagdbares Wild (Landesverordnung)**.

Der Schutz des Wildes vor seinen natürlichen Feinden bedarf einer genauen Abwägung und Festlegung von Prioritäten. Auch das Raubwild hat im Naturhaushalt seinen Platz. Eine Bejagung soll sich deshalb in Grenzen halten und ist so durchzuführen, dass ein angemessener Bestand erhalten bleibt.

Viele Beutegreifer besitzen ein relativ breites Nahrungsspektrum. So erbeutet z. B. der Fuchs Raupen, Schnecken, Mäuse, Echsen, aber auch Gelege, Jungvögel und Jungwild.

Hegemaßnahmen in Form von Wiedereinbürgerungsversuchen sind ohne eine weit vorher (rechtzeitig) einsetzende Bejagung der Beutegreifer meist zum Scheitern verurteilt.
Beispiel: Aufzucht und Auswildern von Auerwild, Birkwild, Rebhuhn

Eine Bejagung der Beutegreifer dient insbesondere zum Schutz von Niederwild und Jungwild. So können z. B. folgende Arten den Besatz an Bodenbrütern verringern: Fuchs, Dachs, Marder, Wanderratten, Rabenkrähen.

Eine verstärkte Bejagung des Fuchses ist auch notwendig bei **vermehrten Tollwutvorkommen** und wegen der Gefahr durch den **Fuchsbandwurm**. Eine verstärkte Bejagung gilt aber auch bei einem **übermäßigen Druck durch fremde Arten** wie z. B. Waschbär und Marderhund.

Hege mit der Falle - Verkehrssicherungspflicht

Raubwild verhält sich in der Regel scheu und lebt meist **nachtaktiv**. Eine Bejagung mit der Büchse bereitet oft Schwierigkeiten. Alternativ bietet sich die Fallenjagd („Hege mit der Falle") an. Hierbei ersetzen Fallen den Jäger und seine Waffe und sind bei jeder Tages- und Nachtzeit und bei jeder Witterung einsatzbereit. Die meisten Raubwildarten (z. B. Waschbären) sind ohne Fallen überhaupt nicht effektiv zu bejagen. Die Jagd mit der Falle erfordert vom Jäger bestimmte **Grundkenntnisse** und eine **tierschutz- und waidgerechte Durchführung**. Es dürfen nur Fallen verwendet werden, die das Wild entweder **unversehrt fangen oder sofort töten**.

Verboten sind z. B. Tellereisen, da diese ...

- nicht selektiv,
- nicht unversehrt,
- nicht sofort tötend und
- nur auf Druck (nicht Abzug) fangen.

Laut § 1 Abs. 4 BJagdG ist die Fallenjagd eine Art der Jagdausübung. Voraussetzung ist der Besitz eines gültigen Jagdscheines. Bei der Fallenjagd sind außerdem die unterschiedlichen Landesbestimmungen zu beachten. Für manche Fallen (z. B. Norwegischer Krähenfang, Habichtfangkorb) ist eine Ausnahmegenehmigung erforderlich.

Kastenfalle (oben)
Fangbunker für Marderabzugseisen (unten)

Beispiel Bayern:
Hier ist für die Ausübung der Fallenjagd der Besuch eines entsprechenden Lehrganges vorgeschrieben. Zur Vermittlung der speziellen Kenntnisse zur Fallenjagd veranstalten die Landesjagdverbände in regelmäßigen Abständen spezielle Fallenlehrgänge.

Bei den Fallen unterscheidet man zwischen ...

- **Lebendfangfallen**
  (Kastenfallen, Jungfuchsfallen, Betonrohrfallen, Wieselwippbrettfallen)
- **Totschlagfallen**
  (Schwanenhals, Eiabzugseisen, Conibaerfalle)

Der Fallenjagd mit sogenannte Totschlagfallen sind dort Grenzen gesetzt, wo sich unter Umständen ganzjährig geschonte Beutegreifer fangen können. **Alle Fallen sind täglich zu kontrollieren, Wieselwippbrettfallen z. B. auch zweimal.** Bei der Verwendung von Fangeisen ohne entsprechende Schutzvorrichtung besteht auch die Gefahr, dass Schwarzwild durch diese Fanggeräte verletzt wird. Fangeisen werden nicht mit den Händen sondern mit einem Spannhebel gespannt. In diesen Fällen kann eine Raubwildbejagung nur mit Lebendfangfallen oder mit der Waffe erfolgen. In der Wippbrettfalle lassen sich Fehlfänge von Mäusen und Mauswiesel verhindern, wenn ein Gewicht von 100 g das Zuschlagen der Wippe bei diesen Arten verhindert und ein Schlupfloch von 23 mm zum Entweichen zur Verfügung steht. Wieselwippbrettfallen werden nicht beködert. Alle Kastenfallen fangen besonders gut auf Zwangswechseln. Als Störfaktor bei der Fallenjagd macht sich insbesondere der zunehmende Erholungsdruck auf die Natur bemerkbar (z. B. durch Wanderer, Freizeitgestaltung usw.).

Laut § 823 BGB gilt auch bei der Fallenjagd die Verkehrssicherungspflicht. Sie besagt:
Jeder, der Gefahrenquellen schafft, muss Vorkehrungen treffen zum Schutz Dritter. Dies gilt besonders bei der Verwendung von Totschlagfallen und Fangeisen.

Aus Gründen der Verkehrssicherungspflicht sollte beim Falleneinsatz immer der **Grundstückseigentümer oder Besitzer** informiert werden. Besonders zu beachten sind die Bestimmungen der **Unfallverhütungsvorschriften Jagd (UVV-Jagd)** und die Vorschriften der landwirtschaftlichen Berufsgenossenschaft. Die Fallenjagd wird hauptsächlich von Herbst bis Ende Februar ausgeübt.

Jagdschutz - Allgemeines

Nach § 23 BJagdG umfasst der Jagdschutz insbesondere den Schutz des Wildes vor Wilderern, Futternot, Wildseuchen sowie vor wildernden Hunden und streunenden Katzen. Zum Jagdschutz zählt auch die Einhaltung der zum Schutz des Wildes erlassenen Vorschriften des Jagdrechts. Den Jagdschutz dürfen nur Jagdschutzberechtigte ausüben.

Jagdschutzberechtigte sind:

- **Polizeibeamte**
- **Jagdausübungsberechtigte**
- **Berufsjäger**
- **Forstbeamte**
- **bestätigte Jagdaufseher**

Nicht Jagdschutzberechtigte sind dagegen Jagdhelfer und Jagdgäste. Ein Jagdschutzberechtigter darf den Jagdschutz nur innerhalb seines „Bezirkes“ ausüben.

Wildernde Haustiere

Zu den wildernden Haustieren gehören in erster Linie Hunde und Katzen. Die einzelnen Bundesländer haben unterschiedliche Regelungen erlassen, die genauestens zu beachten sind.

Bei der Tötung von Hunden und Katzen im Rahmen des Jagdschutzes steht der Jäger ständig im Blickpunkt der Öffentlichkeit. Insbesondere beim Töten von Hunden ist zu prüfen, ob nicht andere Maßnahmen wie z. B. **Ermittlung des Besitzers, Anzeige** oder **Lebendfang** möglich und damit vorzuziehen sind. Außerdem muss zweifelsfrei feststehen, dass es sich **nicht um einen Jagdhund im Einsatz** (z. B. bei Nachsuche mit Hetze) oder einen **sonstigen - von der Tötungsbefugnis ausgenommenen Hund (z. B. Diensthund von Polizei und Zollbehörden, Hirtenhund)** handelt.

Beispiel Bayern:
Das Tötungsrecht besteht nur, wenn vom Hund eine konkrete Gefahr für das Wild ausgeht bzw. wenn ein für das Wild gefährlich werdender Hund tatsächlich beim Wildern angetroffen wird. Keine Gefahr besteht z. B. bei kleinen, kurzläufigen Hunden außerhalb der Setzzeiten. Streunende Katzen dürfen nur außerhalb bestimmter **Mindestentfernungen zum Haus** erlegt werden. Dies gilt auch für die **Fallenjagd**. Aber auch hier sind die jeweiligen Ländergesetze zu beachten.

Beispiel Hamburg:
Hier gilt das Tötungsrecht nur für den Augenblick des Wilderns. Die Tötung von streunenden Katzen darf nur mit der Schusswaffe erfolgen. Keinesfalls darf der Jagdhund auf die Katze gehetzt werden (Tierschutzgesetz).

Streunende oder verwilderte Hauskatzen erbeuten nicht nur Mäuse!

Fragen zur Wiederholung

Die Fragen zur Wiederholung sind angelehnt an die Fragestellung der mündlichen Prüfung, in welcher oft übergeordnete Zusammenhänge abgefragt werden. Die Lösungen finden Sie in den voranstehenden Kapiteln 1 bis 4.

Nennen Sie jeweils vier typische Kulturflüchter und Kulturfolger.

Was sind die Ziele der Hege?

Nennen Sie die wichtigsten Hegemaßnahmen.

Was ist mit der Bejagung des Raubwildes mit der Falle zu beachten?

Was ist beim Schuss auf wildernde Hunde und auf streunende Katzen im Rahmen des Jagdschutzes in Ihrem Bundesland zu beachten?

Um welche - noch unverblendete - Falle handelt es sich hierbei und für welche Wildarten ist diese Falle geeignet?

Die kostenlosen Heintges-Thementests
„Hege allgemein und Jagdschutz“
„Fallenjagd“
finden Sie im Internet unter www.jagdtrainer.de

Wildhege und Wildbewirtschaftung

Neben den im nachfolgenden aufgeführten Bestimmungen auf Bundesebene (BJagdG) haben die einzelnen Bundesländer weitergehende Richtlinien zur Wildhege und -bewirtschaftung, insbesondere für die Schalenwildbejagung, herausgegeben, die zu beachten sind.

Wildbestand (Grundbestand - Sommerbestand)

Beim Wildbestand unterscheidet man zwischen ...

Grundbestand	Sommerbestand
Unter Grundbestand versteht man den Wildbestand in einem bestimmten Lebensraum am **1. April**, d. h. am **Beginn des Jagdjahres**.	Unter Sommerbestand versteht man die **Summe aus dem Grundbestand plus Zuwachs**.

Ausnahme Gamswild:
Beim Gamswild bezieht sich der Grundbestand auf den **1. Juni**. Der Zuwachs des laufenden Jagdjahres wird nicht hinzugerechnet.
Ausnahme Schwarzwild:
Beim Schwarzwild zählen zum Grundbestand alle Stücke, die nicht im gleichen Kalenderjahr gefrischt wurden, d. h. ohne Zuwachs.

Spezielle Wildfläche

Für die Beurteilung der tragbaren Wilddichte ist die Fläche maßgebend, die aufgrund ihrer Lage und Beschaffenheit den betreffenden Wildarten Einstand (Deckung) und natürliche Äsung bietet.

Diese Fläche bezeichnet man als **spezielle Wildfläche**. Für die Berechnung der speziellen Wildfläche gilt:
Größe des Jagdrevieres in ha abzüglich der Flächen, die dem Wild weder Äsung noch Deckung bieten.

Folgende Flächen scheiden deshalb zur Berechnung der speziellen Wilddichte aus:

- **befriedete Flächen**
- **Bundesautobahnen**
- **Hauptverkehrsstraßen**
- **Eisenbahnkörper**
- **wilddicht abgezäunte Flächen** (z. B. durch Kulturzäune) sowie
- **sonstige Flächen** wie z. B.
- **Wasserflächen**

Wilddichte

Unter Wilddichte versteht man die Stückzahl einer Wildart pro 100 ha bezogen auf das gesamte Einstandsgebiet (z. B. Rotwildgebiet). Wilddichte 1 (eins) bedeutet demnach **1 Stück auf 100 ha**.

Aufgrund der berechtigten Ansprüche der Land- und Forstwirtschaft auf Schutz vor Wildschäden gilt grundsätzlich:
Die Wilddichte innerhalb eines Lebensraumes muss tragbar sein. Die tragbare Wilddichte richtet sich nach der Qualität des Lebensraumes (Biotopes). Die Wilddichte ist dem Biotop angemessen, wenn die Vegetation - insbesondere im Wald - durch Verbiss nicht untragbar belastet wird.

Verbiss gilt als tragbar, wenn sich die ...

- **Hauptbaumarten der Waldfläche ohne Schutzvorrichtungen verjüngen lassen,**
- **Wildbretgewichte, Trophäenqualität und der Gesundheitszustand der Norm entsprechen**.

Wildbretgewichte unterliegen erheblichen Schwankungen und werden primär vom jeweiligen Biotop beeinflusst.

... beim Rehwild gilt grundsätzlich:

Ein Rehwildbestand ist in der Regel nicht zählbar, ausgenommen in reinen Feldrevieren. Deshalb wird eine tragbare Wilddichte für Rehwild nicht mehr ausgewiesen.

Der vorzunehmende Abschuss wird von der Jagdbehörde als Vorschlag der Hegegemeinschaft bzw. des Hegeringes unter Berücksichtigung der **Abschusslisten vergangener Jahre**, des **Zustandes der Waldvegetation** und der **körperlichen Beschaffenheit des Wildes** (z. B. Gewicht, Gesundheitszustand) bestätigt oder festgesetzt.

... bei anderen Schalenwildarten (Rot-, Dam-, Sika-, Muffel-, Gamswild) gilt:

Andere Schalenwildarten sind nur bedingt zählbar. Hinzu kommt, dass Schalenwildbestände zudem größeren Schwankungen unterliegen.

Diese hängen vom jahreszeitlich unterschiedlichen Äsungs- und Deckungsangebot, z. B. im Sommer im Feld und im Winter im Wald, ab. Der Schalenwildbestand lässt sich deshalb in den meisten Lebensräumen nur annähernd bestimmen.

Zahlenmäßige Festlegungen einer tragbaren Wilddichte lassen sich allenfalls für Rotwild, Damwild und Muffelwild vornehmen.

Für diese Wildarten wird die tragbare Wilddichte von der Jagdbehörde festgelegt. Gehören zum Lebensraum auch Staatsreviere, dann handelt die Jagdbehörde im Einvernehmen mit der Forstbehörde. Leben in einem Biotop **mehrere Schalenwildarten** und stehen diese zueinander in **Äsungskonkurrenz,** dann hat dies immer **Einfluss auf die tragbare Wilddichte**. Alle Hegemaßnahmen erfolgen zweckmäßig großräumig in Hegegemeinschaften. Es muss vermieden werden, dass durch falsche Bejagung die soziale Struktur und Rudelbildung gestört wird.

Vegetationsgutachten

Zunehmendes Waldsterben und vermehrte Wildschäden führten in den letzten Jahren zu Untersuchungen der Zusammenhänge zwischen Wild und Wald.

Ein Schwerpunkt liegt in der **Erfassung der Schalenwildschäden** und ihrer Auswirkungen bei der natürlichen Waldverjüngung. Bekannt wurden die Untersuchungen unter dem Begriff **Vegetationsgutachten** oder **Verbissgutachten**. Hierzu hat jedes Bundesland eigene Vorschriften erlassen.

Die Ergebnisse der „Vegetationsgutachten" finden neben der Beachtung des Durchschnittsgewichtes (Kondition) des Wildes und des durchschnittlichen Abschusses der letzten Jahre vorrangig **Berücksichtigung bei der Abschussplanung.** Vegetationsgutachten erfassen prozentual die Anteile von **Verbissschäden, Fegeschäden** und **Schälschäden**. Aus diesen Grundlagen werden Rückschlüsse auf die **Belastung des Lebensraumes durch das Wild** gezogen. Von großer Belastung sind bei dieser Thematik auch die Anlagen von Äsungsflächen, Verbissgehölzen und die Fütterung in der Notzeit.

Geschlechterverhältnis

Als Geschlechterverhältnis bezeichnet man das Zahlenverhältnis, in dem sich männliche und weibliche Stücke gegenüberstehen.

Das Geschlechterverhältnis gilt als ausgeglichen, wenn im Grundbestand die männlichen und weiblichen Stücke ein Zahlenverhältnis von **1 : 1** bilden. Allenfalls bei Gamswild kann der Anteil des weiblichen Wildes leicht erhöht werden.

Zuwachs

Der Zuwachs ist umso höher, je günstiger die Lebensbedingungen sind. Einen wesentlichen Einfluss auf den Zuwachs, insbesondere des Niederwildes - aber auch des Schwarzwildes, hat das **Wetter**. Grundlagen zur Berechnung des Zuwachses bilden allgemein die Zahlen von **Grundbestand** und **Geschlechterverhältnis**. Für alle Wildarten wird der Zuwachs als %-Anteil des weiblichen Wildes zum **1. April (Beginn des Jagdjahres)** angegeben.

Altersklassenaufbau

Ziel der Hege ist auch die Erhaltung einer dem Wildbestand angemessenen Altersstruktur mit einem entsprechenden Anteil sozial reifer Stücke. Zu diesem Zweck werden die Wildbestände in verschiedene **Altersklassen aufgeteilt**. Bei den Wildarten, die in Rudeln leben (z. B. Rotwild, Schwarzwild), ist darauf zu achten, dass z. B. durch Abschuss der Leittiere bzw. der Leitbache die **Rudelstruktur nicht zerstört** wird.

Allgemeines zum Schwarzwild

Schwarzwild ist die einzige Wildart, die ohne Abschussplan bejagt wird. In manchen Bundesländern fehlen entsprechende Hinweise für die Schwarzwildbejagung. Während diese Wildart früher sogar bekämpft wurde, werden heute in vielen Schwarzwildgebieten Regeln für die Bejagung aufgestellt. Ohne auf spezielle Schwarzwildbewirtschaftungsmodelle (z. B. Lüneburger Modell) eingehen zu wollen, sollten bei der Jagd auf Schwarzwild die nachfolgenden Grundsätze eingehalten werden.

Schwarzwild lebt mit Ausnahme der älteren Keiler gesellig in Familienverbänden (Rotten) mit ausgeprägten Sozialstrukturen.

Hauptziele der Schwarzwildhege sind:

- Schaffung eines **natürlichen Altersklassenaufbaues** mit einer **ausreichend hohen Zahl an Altsauen**
- Reduzierung von **Wildschäden** durch eine ...
- scharfe Bejagung der Frischlinge mit ca. 70 - 80 % des Abschusses
- schonende Bejagung der Überläufer mit ca. 10 % des Abschusses
- weitgehende Schonung der Altsauen mit max. 10 % des Abschusses
- sowie durch die Anlage von **Ablenkfütterungen** und **Kirrungen**

Die meisten Wildschäden verursachen Rotten aus führungslosen Frischlingen.

Diese Ziele lassen sich nur in **Abstimmung mit den Reviernachbarn** erreichen (z. B. in Hegegemeinschaften, sogenannten **Schwarzwildringen**).

Bei der Schwarzwildbejagung gilt:

- **Geschont** werden müssen auf jeden Fall die **Leitbachen der Rotten**.
- Erlegt werden können dagegen einzelgehende Geltbachen. Da solche Stücke äußerst selten vorkommen, gilt sehr genaues Ansprechen, da Verwechslungsgefahr besteht mit Bachen, die sich zum Frischen abgesondert haben.
- Falls Bachen wegen einer Bestandsregulierung erlegt werden sollen, dann den Abschuss möglichst auf schwächere Stücke (Überläuferbachen) beschränken. Bei noch führenden Bachen sollten die Frischlinge ein Mindestalter von ca. 8 Monaten haben und ein Mindestgewicht von ca. 25 kg.
- Bei Drückjagden sollte der Abschuss möglichst auf **schwache Überläufer** und auf **Frischlinge**, deren Haarkleid noch viel braune Farbe zeigt, beschränkt werden. Für die **Ausleseabschüsse** eignet sich am besten die **Kirrung** (Ländergesetze beachten!).
- **Immer das schwächste Stück zuerst erlegen!**
- Für einen ausgewogenen Altersklassenaufbau sollten auch genügend reife Keiler erhalten bleiben.

führende Bache mit Frischlingen (oben)
Überläufer im Haarwechsel (unten)

Allgemeines zum Hasen

Grundlagen für eine erfolgreiche Hasenhege sind:

- Prüfung des Reviers auf vorhandene **ganzjährige Deckung** und **vielfältige Äsung**
- Einschätzung des Zuwachses durch **Frühjahrs- und Herbstzählung**
- genaue Streckenauswertung durch Ermittlung der **Anteile von Junghasen und Althasen** und deren Geschlecht (Geschlechterverhältnis)
- sorgfältige **Abschussplanung** und **Abschussdurchführung**
- Maßnahmen zur **Verbesserung der Revierqualität** durch Schaffung von Deckungs- und Äsungsflächen
- Regulierung von **Beutegreifern**

Feststellung der Eignung des Reviers zur Hasenhege:

Am besten eignen sich Reviere mit ...

- ebenem bis leicht hügeligem Gelände,
- durchlässigen Böden,
- mildem, sommertrockenen Klima.

Gut geeignet sind auch Reviere mit ...

- großflächigen Viehweiden (z. B. Polderlandschaften),
- zahlreichen milden Südlagen,
- Getreideanbaugebieten,
  wenn sie durch Hecken, Knicks und Raine stark strukturiert sind.

Einschätzung des Zuwachses

Über die mögliche jagdliche Nutzung eines Hasenbesatzes können nur **Zählungen** Aufschluss geben. Wertlos sind hierbei Zählungen im Sommer und Spätsommer (ohne Zuwachs). Deshalb werden Zählungen im **Frühjahr** (Ende März / Anfang April) und im **Spätherbst** (Anfang November) durchgeführt. Die Differenz zwischen beiden Zählungen ergibt den **Sommerzuwachs**.

Gezählt werden kann ein Hasenbesatz ...

- nur im Feld,
- an zwei aufeinanderfolgenden regenlosen Abenden,
- am besten in der Zeit zwischen 22.00 - 23.00 Uhr,
- mit Hilfe eines Scheinwerfers, z. B. Auto- oder Suchscheinwerfer. Hierbei ist es sinnvoll, zuvor die Polizei zu verständigen.

Bei der Auswertung der Zählung gilt:

Zuwachshöhe in %	Bewertung
ca. 10 - 20 %	**schlechter Zuwachs**
ca. 21 - 40 %	**mäßiger Zuwachs**
ca. 41 - 60 %	**befriedigender Zuwachs**
mehr als 60 %	**hervorragender Zuwachs**

Abschussplanung und Abschussdurchführung

Ein Schwerpunkt jeder Hasenhege liegt in einer sinnvollen Bejagung. Hierbei soll die Wahl der Jagdart den **jeweiligen Revierverhältnissen angepasst** sein. Grundsätzlich sollte man nie mehr als **höchstens die Hälfte des Besatzes** nutzen. Anstelle mehrerer Kleinstjagden (norddeutsch = „ Stöckern"; süddeutsch = „Stampern") sollte eine große Jagd durchgeführt werden und dann wieder Ruhe herrschen.

Besatzhöhe, Gesundheitszustand, Zuwachs:	Abschussempfehlung:
zahlenmäßig nicht befriedigend und krank	**keine Bejagung**
zahlenmäßig nicht befriedigend, aber gesund	**maximal 1/3 des Reviers bejagen**
zahlenmäßig befriedigend, aber krank	**möglichst frühe Bejagung**
Zuwachs liegt bei unter 40 %	**keine Bejagung**
Zuwachs liegt bei 50 %	**maximal 1/2 des Reviers bejagen**
Zuwachs liegt bei 60 %	**ca. 2/3 des Reviers bejagen**
Zuwachs liegt über 60 %	**volle Bejagung ist möglich**

Streckenauswertung

Bei jeder Jagd erfolgt im Anschluss die **Kontrolle der Strecke** nach folgenden Kriterien:

- **Altersstruktur (jung und alt)**
- **Geschlechterverhältnis (Hase und Häsin)**

Zeigt die Strecke ein **ausgeglichenes Geschlechterverhältnis** und / oder beträgt der **Zuwachs (Anteil an Junghasen) 50 % und mehr**, dann kann man **ohne Umstellung weiterjagen**.

Zeigt das Geschlechterverhältnis, dass **Häsinnen überwiegen** und / oder der **Anteil an Junghasen unter 50 %** liegt, dann gilt es, den **Rückwechsel nicht mehr zu besetzen** und bei Kesseltreiben „Abblasen" mit dem Signal „**Aufhören zu Schießen**" (anstelle des Signals „Treiber in den Kessel").

Bei Krankheitsverdacht gilt:

Eine sichere Diagnose bei Krankheitsverdacht ist Aufgabe von Fachinstituten. Primär bei begründetem Verdacht auf **Coccidiose (Befall mit Coccidien)** und / oder **Pseudotuberkulose (Nagerseuche)** empfiehlt sich das Einsenden des verdächtigen Stückes zur **veterinärärztlichen Untersuchung** (siehe Heintges-Arbeitsblätter Wildkrankheiten).

Allgemeines zum Kaninchen

Laut Bundesverordnung über die Jagdzeiten sind bis heute Wildkaninchen ganzjährig jagdbar.

Eine Ausnahmeregelung (nach § 22 Abs. 4 BJG) gibt es **während der Setz- und Aufzuchtzeit**.

Eine waidgerechte Bejagung der Kaninchen wird sich daher allgemein auf die Monate **September bis Februar** beschränken.

Maßnahmen zur Hege des Kaninchens sind insbesondere nach dem **Zusammenbrechen des Besatzes** (z. B. durch verstärktes Auftreten der Myxomatose) und ferner bei strengen Wintern notwendig. Hierbei gelten die allgemeinen Maßnahmen zur Hasenhege.

Der Bestand muss landeskulturell tragbar sein. Es muss bedacht werden, dass sich Kaninchen sehr schnell vermehren.

Allgemeines zum Fasan

Eignung des Revieres für die Fasanenhege:
Am besten geeignet sind Reviere in ebenen, milden, sommertrockenen Lagen mit reich strukturiertem Bewuchs (wie z. B. Auwaldungen, Feldgehölze, Remisen, Hecken, Schilf) und mit schneearmen Wintern. Günstig ist die Nähe von Wasser. Bevorzugt werden Wein-, Gemüse- und Obstanbaugebiete. Gerne halten sich Fasane auch in Maisfeldern auf.
Die Biotopansprüche lassen sich leicht mit sechs "W"s merken:
Wärme - **W**asser - **W**ald - **W**iese - **W**eizen - **W**ein.
Ungeeignet zur Fasanenhege sind Reviere in rauen, regenreicheren, höheren Lagen sowie geschlossene Waldungen und Hochmoore.

Beim Aussetzen von Fasanen ist zu beachten:
Das Aussetzen von Fasanen sollte nur dazu dienen, um in geeigneten Biotopen wieder **lebensfähige Stammbesätze zu begründen**. Keinesfalls sollten Fasane ausgesetzt werden, damit die folgende Herbststrecke gesteigert werden kann. Zum Aussetzen dürfen nur Fasane aus **artgerechter Herkunft, Aufzucht** und **Haltung** verwendet werden. Auf Dauer gewährt aber nur eine Verbesserung des Biotopes die Möglichkeit einer Besatzvermehrung.

Bei der Bejagung ist zu beachten:
Auch beim polygam (vielehig) lebenden Fasan sollte nach der Bejagung im Herbst noch eine ausreichende Anzahl von Hähnen übrig bleiben, da diese in der Brutzeit auch Wächterfunktionen erfüllen.

Allgemeines zum Rebhuhn

In den meisten Revieren ist der Rebhuhnbesatz rückläufig. Immer sind für den Bestandsrückgang mehrere Faktoren verantwortlich wie z. B.

- Verringerung der Grenzlinien zwischen den Völkern infolge einer Vergrößerung der Felder
- Schwund der Sichtbarrieren zwischen den Völkern infolge einer Rodung der Hecken, Umpflügen der Feldraine bzw. Altgrasstreifen (Verlust von linearen Strukturen)
- Mangel an flächiger Deckung, z. B. Stoppelfelder im Winter (Verlust flächiger Strukturen)
- Mangel an geeigneter Äsung (z. B. Winteräsung), Insektennahrung für Küken
- starke Eingriffe in die Bestände durch Beutegreifer, Krankheiten, Überbejagung etc.

Grundlage für eine erfolgreiche Rebhuhnhege ist deshalb die Prüfung der **Revierverhältnisse** hinsichtlich möglicher **Biotopverbesserungen**.

Eignung des Revieres für die Rebhuhnhege:
Am besten geeignet sind Reviere mit Gemüseanbau, Zwischenfruchtanbau, Brachflächen, Brachstreifen, Getreideanbau (Stoppeln), Klee- und Luzernefeldern, Hackfruchtanbau, unterbrochen (strukturiert) durch Hecken, Gräben, Feldraine in regenarmen Lagen. Bevorzugt werden von Rebhühnern Südhänge.

Bei der Bejagung ist zu beachten:
Falls der Besatz an Hühnern eine Bejagung zulässt, ist zu bedenken, dass die Winterverluste sehr hoch sein können. Bevorzugt sollten schwache Ketten bejagt werden, da starke Ketten den Winter besser überstehen. Althühner sind zu schonen. Vor einer Bejagung sollte eine Bestandsschätzung (Verhören!) durchgeführt werden. Auch bei gutem Besatz sollten nur 10 - 20 % des Bestandes genutzt werden. Flankierende Hegemaßnahmen bei Fasan und Rebhuhn sind auch z. B. die Anlage von Sandhaufen (Magensteinchen) und künstliche Huderstellen an sonnigen und ruhigen Stellen.

Allgemeines zu den Enten

Die wichtigsten Maßnahmen zur Entenhege sind:
- **Verbesserung der Deckung, insbesondere in Brut- und Mausergebieten**
- **Schaffung von Ruhezonen**

Insbesondere Stockenten nehmen auch Nistkästen, die im Wasser auf Pfählen stehen, gerne an. Allerdings soll das Aufstellen von Nistkästen nicht zu einer „Möblierung“ der Gewässer führen. Die Nistkästen sollen in ihrer Bauweise der Umgebung angepasst sein und mit Schilf oder Nadelholzzweigen getarnt werden.

Eignung des Revieres zur Entenhege:
Für die Entenhege geeignet sind ...
- verschilfte Weiher und Teiche,
- Seen mit Schilfgürteln, Inseln und Flachwasserzonen,
- Bäche und Flüsse mit langsam fließenden Abschnitten
- und Uferdeckung (Bewuchs, überhängende Ufer).

Nicht geeignet sind dagegen ...
- schnell fließende Bäche,
- Gewässer ohne Uferbewuchs,
- Fischzuchtanlagen,
- Seen und Baggerseen mit unbewachsenen Steilufern,
- Gewässer mit starker Frequentierung durch Erholungssuchende (Badebetrieb, Boote),
- Gewässer mit häufiger Nutzung durch Angelfischer,
- regulierte Fließgewässer, z. B. mit betonierten Ufern.

Entenbruthöhle (Naturstamm) (oben)
Nisthilfe auf Kopfweide (mitte)
getarnte Nisthilfe auf einem später austreibenden Weidenpfahl (unten)

Abschussplanung und Abschussdurchführung

Grundsätzlich brauchen Enten viel Ruhe. Deshalb erfolgt die Bejagung an einem Gewässer **nur an wenigen Tagen** in Abständen von ca. **2 - 3 Wochen / Jagdtag**. Die Jagdart wird entscheidend von der jeweiligen Gewässerart beeinflusst. Bei der Bejagung gilt:
- bei strengem Frost gilt **Vollschonung**
- bei Großteichen und in Seengebieten den **Morgenstrich** ausnutzen
- nach der Herbstmauser möglichst **nur Erpel** schießen

Allgemeines zu den Raufußhühnern

Auch wenn die Raufußhühner aufgrund des landesweiten Bestandsrückganges schon seit Jahren ganzjährig geschont sind, obliegt dem Jäger die Verpflichtung zur Hege dieser Wildarten. **Alle Raufußhühnerarten sind Kulturflüchter und leiden besonders stark unter Störungen.** Grundsatz jeder Hege ist daher die großflächige Beruhigung ihrer Einstandsgebiete durch Vermeidung von menschlichen Aktivitäten. Insbesondere beim Auer- und Birkwild ist die Schaffung von Ruhezonen für die Balz-, Brut- und Aufzuchtgebiete sowie im Winter notwendig. Hierzu gehört auch die zeitweilige oder ganzjährige Sperrung von Wäldern, Heiden und Mooren. Neben Betretungsverboten sollten möglichst keine Erschließungen durch Straßen, Wander-, Reit- und Radwege, Loipen usw. erfolgen, bzw. bestehende Wanderwege und Loipen im Bedarfsfall verlegt werden. Entsprechend sollte auch der Luftsport gelenkt, eingeschränkt oder verboten werden (z. B. Modellflugzeuge, Sportflugzeuge, Ballonfahrten, Hängegleiter, Drachenflieger).

Biotophege:
Eine erfolgreiche Hege der Raufußhühner ist weiterhin nur möglich, wenn noch intakte Biotope erhalten bleiben oder bereits geschädigte Biotope wieder hergestellt werden können. Die Biotophege ist nur mit einem langfristig angelegten Programm zur Erhaltung artspezifischer Landschaftsstrukturen möglich.

... zum Auerwild

Biotope für das Auerwild können nur durch forstliche, insbesondere waldbauliche Maßnahmen gesichert, erhalten oder wiederhergestellt werden.

Dazu zählen:

- keine tiefgreifenden, großflächigen Veränderungen der Bestände vornehmen,
- rechtzeitige Schaffung von auerwildtauglichen Waldstrukturen durch biotopgerechte Bestandspflege, z. B.
- Aufbau von ungleichaltrigen und ungleichförmigen, nicht zu dichten Beständen,
- Erhöhung der Umtriebszeit,
- Förderung der Grenzlinienwirkung bzw. von Lichtstellen in Beständen, die zum dichten Zusammenwuchs neigen,
- Vermeidung von Zäunen, Abbau nicht mehr benötigter Zäune, Verblenden unbedingt notwendiger Zäune,
- Verzicht auf Düngung und Pestizideinsätze,
- keine forstlichen Maßnahmen, insbesondere in den Wintereinständen, an den Balzplätzen und zur Brutzeit,
- Förderung der Strauch- und Beerenkrautschicht sowie der Waldameisen (z. B. Fällungsmaßnahmen bei zu starker Beschattung).

... zum Birkwild und Haselwild

Je nachdem, wo sich das Birkwildbiotop befindet, steht an erster Stelle die Erhaltung ...

- noch intakter Moore (z. B. keine Entwässerung und / oder Torfabbau),
- von Heideflächen (Pflege durch Beweidung, Aushieb von angeflogenen Birken, Kiefern, Erlen),
- Pflege von Streuwiesen (keine Aufforstung),
- Pflege von Hecken und kleinen Laubholzinseln,
- Beweidung von Almen gegen Verbuschung

Auch das kleinste bei uns vorkommende Raufußhuhn - das Haselhuhn - ist an bestimmte Waldstrukturen gebunden. Ideale Lebensbedingungen findet es in Beständen mit nieder- oder mittelwaldähnlichen Bewirtschaftungsformen sowie in strauch- und unterwuchsreichen Plenterwäldern. Diese gilt es zu erhalten.

Fragen zur Wiederholung

Die Fragen zur Wiederholung sind angelehnt an die Fragestellung der mündlichen Prüfung, in welcher oft übergeordnete Zusammenhänge abgefragt werden. Die Lösungen finden Sie in den voranstehenden Kapiteln 5 bis 6.

Welcher Unterschied besteht zwischen Grundbestand und Sommerbestand?

Welche Problematik ergibt sich bei der Ermittlung von Wilddichten?

Was versteht man unter einem Vegetationsgutachten?

Beschreiben Sie den Verfahrensablauf für das Vegetationsgutachten in Ihrem Bundesland.

Was ist bei der Bejagung des Schwarzwildes besonders zu beachten?

Wie und wann erfolgen Zählungen zur Ermittlung des Hasenbesatzes?

Welche Biotopansprüche hat der Fasan?

Welche Grundsätze gelten bei der Jagd auf Enten?

Welche Maßnahmen sind erforderlich, um die Bestände des Auerwildes zu fördern?

Welche landschaftlichen Veränderungen wirken sich negativ auf Birkwildvorkommen aus?

Wildverluste durch landwirtschaftliche Eingriffe (Verlust von Lebensraum)

Zivilisierung und Technisierung führen zu Landschwund und Landschaftsverödung. Solche Eingriffe in die natürliche Landschaft sind z. B.

- **Maßnahmen zur Flurbereinigung,**
- **Trockenlegungen,**
- **Aufstauungen und / oder Kanalisierungen,**
- **Straßen- und Wegebau, aber auch alle Maßnahmen zur Erschließung neuer**
- **Industrie-, Siedlungs- und Verkehrsgebiete.**
  Diese landschaftsverändernden Eingriffe nehmen den wild lebenden Tieren immer mehr an natürlichem Lebensraum und sind Schuld am Verschwinden zahlreicher kulturflüchtender Arten.
- **Großflächig angelegte Monokulturen in der Land- und Forstwirtschaft nehmen den Tieren zusätzlich die lebensnotwendige Äsungsvielfalt.**

In der heutigen Kultursteppe fehlt es in zunehmendem Maße an ausreichender **Ruhe, Deckung, Äsung, Nist- und Brutgelegenheit**. Statistiker nennen bereits einen täglichen Verlust von über 100 ha an Lebensraum. In der Folge sorgt eine zunehmende Verkehrsdichte für zusätzliche **Beunruhigung** und für weitere **Wildverluste in großem Ausmaß**.

Wildverluste durch Störungen (Freizeitdruck)

Jeder Bürger kann die freie Natur unentgeltlich benützen (betreten). Man spricht vom allgemeinen Betretungsrecht in Wald und Flur. Das Wild braucht aber für einen ungestörten Tagesrhythmus ausreichend Ruhe. Bedingt durch mehr Freizeit und dem daraus resultierenden Erholungsdruck wird das Wild durch den Menschen zu allen Jahreszeiten permanent gestört.

So kann es zu Störungen kommen durch Wanderer abseits der Wanderwege, Pilzsucher, Querfeldeinspaziergänger (zum Teil mit frei laufenden Hunden), Jogger, Reiter, Mountainbiker, Moto-Cross-Fahrer, Luftsportler (Ballonfahrer, Hängegleiter, Drachenflieger), Modellflugsport, Wassersport und bei Schneelage zusätzlich durch Wintersportler, insbesondere Skifahrer abseits der ausgewiesenen Pisten und Loipen. Hinzu kommt, dass durch die Neuanlage und Ausweisung von Skipisten, Abfahrten, Liften und Loipen immer mehr Lebensraum verloren geht. In manchen Gegenden nimmt auch der Hundeschlittensport ständig zu.

Das Wild wird zunehmend bei der Nahrungsaufnahme gestört und reagiert mit **vermehrtem Sichern, Erschrecken** und **kräftezehrenden Fluchten**.

Ständige Beunruhigung führt beim Wild zu oft **nicht mehr ausgleichbarem Energieverbrauch** und in ruhigen Revierteilen zu **Wildmassierungen**. Durch den erhöhten Energieverbrauch entsteht mehr Nahrungsbedarf. Die Folge davon sind **mehr Wildschäden**. Besonders schädlich wirken sich die Störungen im Winter bei Hochschnee aus. Betroffen sind davon hauptsächlich Arten, die auch unter extremen Bedingungen überleben können wie z. B. **Auerwild, Birkwild** und **Gamswild**. Unter ständigen Störungen leidet auch das **Rotwild**, was wiederum zu beträchtlichen **wirtschaftlichen Schäden (Schälschäden)** am Wald führt.

Der Mensch sollte zwar durch entsprechendes Verhalten in der Natur Rücksicht auf alle frei lebenden Tiere und die wild wachsenden Pflanzen nehmen, doch werden meist die Eigeninteressen über diese Regeln gestellt.

Für den Jäger ist es schwer, diese Störungen des Wildes zu mindern. Wichtig ist es vor allem, dass sich die Jägerschaft bereits in die Planungsphasen von zusätzlichen Freizeiteinrichtungen einschaltet. Oft hilft ein Zusammenschluss mit den Naturschutzverbänden.

Möglichkeit für den Jäger

Für den täglichen Umgang des Jägers mit den Erholungssuchenden bleibt nur die Aufklärung. Dabei ist zu bedenken, dass das Auftreten des Jägers in diesen Situationen ausschlaggebend für das Bild der Jagd in der Öffentlichkeit ist. Der Deutsche Jagdschutz-Verband e. V. hat diesbezüglich wiederholt Merkblätter veröffentlicht, die zur Aufklärung der Bevölkerung beitragen können.

Sinnvoll aber wäre insbesondere während der Aufzuchtzeit der Jungen und in den Notzeiten die Ausweisung von Ruhezonen und Wildschutzgebieten mit entsprechenden Betretungsverboten.

Nehmt Rücksicht auf`s Wild

Lieber Naturfreund,

sicher ist es auch Ihnen ein Anliegen, dass in unseren Wäldern und Feldfluren ein artenreicher und gesunder Wildbestand erhalten bleibt. Helfen Sie daher mit, durch ein wildfreundliches und rücksichtsvolles Verhalten das Lebensrecht der frei lebenden Tiere zu sichern. Im Sinne des Jagd-, Tier- und Naturschutzes bitten wir Sie, folgende Hinweise zu beachten:

- Bleiben Sie beim Spazierengehen auf den Wegen und stören Sie das Wild nicht in seinen natürlichen Lebensabläufen. Das gilt vor allem in der Zeit der Jungenaufzucht (etwa von Anfang März bis Ende Juni) sowie im Winter, wenn Schnee und Eis die Erde bedecken.
- Denken Sie daran, dass in jedem Hund Jagdinstinkte schlummern. Nehmen Sie Ihren vierbeinigen Freund daher an die Leine; das gilt für tollwutgefährdete Bezirke ganz besonders.
- Fassen Sie kein Jungwild an. Sie riskieren sonst, dass sich die Elterntiere nicht mehr um ihre Jungen kümmern.
- Machen Sie beim Skilanglaufen um jede Wildfütterung einen großen Bogen. Bleiben Sie auf den Loipen und fahren Sie keinen Wildspuren nach.
- Achten Sie auf das Rauchverbot im Walde und machen Sie kein offenes Feuer. Durch weggeworfene Zigarettenstummel sind schon viele verheerende Waldbrände entstanden.
- Hinterlassen Sie im Wald und Feld keinen Müll. Schon manches Wildtier ist an einer aufgefressenen Plastiktüte zugrundegegangen oder in einer offenen Blechdose steckengeblieben und danach verhungert.
- Beunruhigen und stören Sie Wildtiere nicht durch Fotografieren und Filmen.
- Machen Sie im Wald keinen Lärm. Reißen Sie nicht mutwillig Zweige und Blumen ab und zerstören Sie nicht sinnlos Pilze.
- Hochsitze und Futterplätze sind Einrichtungen für die Wildhege. Wir bitten Sie, diese nicht zu betreten.

Wenn Sie die vorgenannten Hinweise beachten, tragen Sie wesentlich zur Erhaltung unserer frei lebenden Tierwelt bei und bescheren sich selbst eine ungetrübte Naturfreude.

Deutscher Jagdschutz-Verband e. V.
Vereinigung der deutschen Jagdverbände
Johannes-Henry-Straße 26, 53113 Bonn

Wildschutzgebiete - Ramsargebiete

1

2

3

4

5

6

Die Ausweisung von Wildschutzgebieten obliegt den Ländern (Landesrecht).

Beispiel Bayern:
Nach § 21 Abs.1 BayJG kann die Untere Jagdbehörde zum Schutz und zur Erhaltung von Wild entsprechende Flächen **zum Wildschutzgebiet erklären** und das Betreten abseits öffentlicher Straßen **zeitweise einschränken oder verbieten**. Gründe hierfür können **Wildschadensverhütung** (z. B. Rotwild) oder **Schutz bedrohter Wildarten** (z. B. Auerwild) sein.

Beispiel Bayern:
Nach § 21 Abs. 4 BayJG kann die Untere Jagdbehörde durch Rechts- oder Einzelverordnung zeitweise **Betretungsverbote** z. B. zum **Schutz von Wildbiotpen** oder zur Durchführung der **Wildfütterung in Notzeiten** (Rotwild) erlassen.

Neben diesen jagdrechtlichen Bestimmungen gibt es nach dem Naturschutzrecht, insbesondere innerhalb von Naturschutzgebieten, die Möglichkeit zur **Einrichtung von Ruhezonen** mit eingeschränktem Betretungsrecht. Der örtliche und zeitliche Umfang richtet sich nach dem jeweiligen Schutzzweck.

Schilder, die man in diesem Zusammenhang kennen sollte, sind z. B.:

1 **Vogelschutzgebiet**
2 **Bitte nicht betreten (Betretungsverbot)**
3 **Landschaftsschutzgebiet**
4 **Naturschutzgebiet**
5 **Wildschutzgebiet**
6 **Wildbiotop**

Ramsargebiete:
Darunter versteht man Feuchtgebiete von internationaler Bedeutung, insbesonders als Lebensraum für Wasservögel (Brut-, Zug-, Rast- oder Überwinterungsgebiete), die nach der Ramsarkonvention als Schutzgebiete ausgewiesen wurden.

Wildverluste durch den Straßenverkehr / Chamer Modell

Ein zunehmend dichter werdendes Straßennetz nimmt den Tieren immer mehr Lebensraum. Hinzu kommt, dass zahlreiche Tiere täglich auf den Straßen verenden.

Beispiel:
2008 wurden im Rahmen der Voll- / Teilkaskoversicherung 240.000 Wildunfälle registriert. Nach Angaben des Verbandes der Schadenversicherer (GDS) beträgt der durchschnittliche Sachschaden eines Wildunfalles ca. 1.500 Euro. Hinzu kommt eine hohe Dunkelziffer an nicht gemeldeten Wildunfällen. Eine gesetzliche Meldepflicht eines Wildunfalles gibt es bisher nur in wenigen Bundesländern. Eine Methode zur einheitlichen Bekämpfung von Wildunfällen liefert das vom ADAC und dem Landesjagdverband Bayern e. V. initiierte „Chamer Modell".

Jährliche Wildverluste durch den Straßenverkehr:
(Quelle: DJV-Handbuch 2013)

Wildart:	Stück:
Rehwild	171.329
Schwarzwild	16.986
Damwild	3.497
Rotwild	2.572

Weitere häufig betroffene Wildarten sind Hase, Fuchs, Fasan und andere Vogelarten.

Zur Erfassung von Wildunfällen wurden spezielle Wildunfallmeldebögen entwickelt. Unfallschwerpunkte und -rückgänge werden straßenweise nach Wildart und Unfallzeiten mit entsprechenden Statistiken verdeutlicht (Grafik). Die meisten Unfälle ereignen sich in der Morgen- und Abenddämmerung. Gehäuft treten Unfälle in den Fortpflanzungszeiten des Wildes (erhöhte Aktivität) und im Frühjahr, wenn das erste Grün spriest, auf.

Entwicklung des Wildunfallgeschehens:

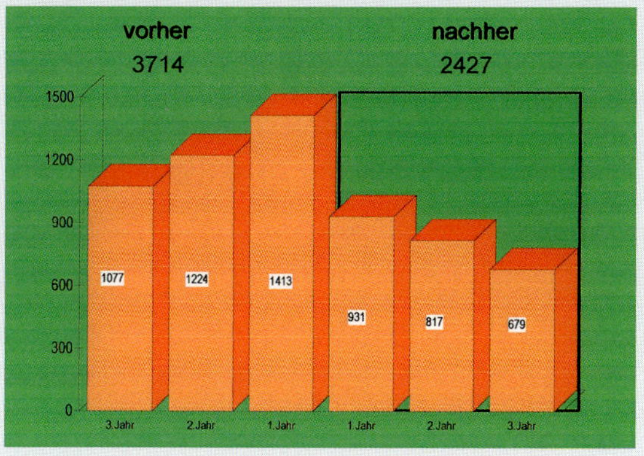

Inzwischen hat sich das vom Landesjagdverband Bayern e. V. und dem ADAC initiierte **„Chamer Modell"** auch auf andere Bundesländer ausgeweitet und bewährt. Dort wo dieses Wildunfallerfassungssystem angewandt wird, zeigt die Wildunfallstatistik eine rückläufige Tendenz. Der Deutsche Verkehrssicherheitsrat e. V. mit Sitz in Bonn hat das **„Chamer Modell"** in sein Verkehrssicherheitsprogramm aufgenommen, um die systematische Erfassung von Wildunfällen bundesweit zu forcieren. Die gesamte Jägerschaft ist zur Zusammenarbeit mit den zuständigen Behörden aufgerufen, um die hohe Zahl der Wildunfälle zu reduzieren. In einigen Landkreisen sind die Wildunfälle bis zu 65 % rückläufig!

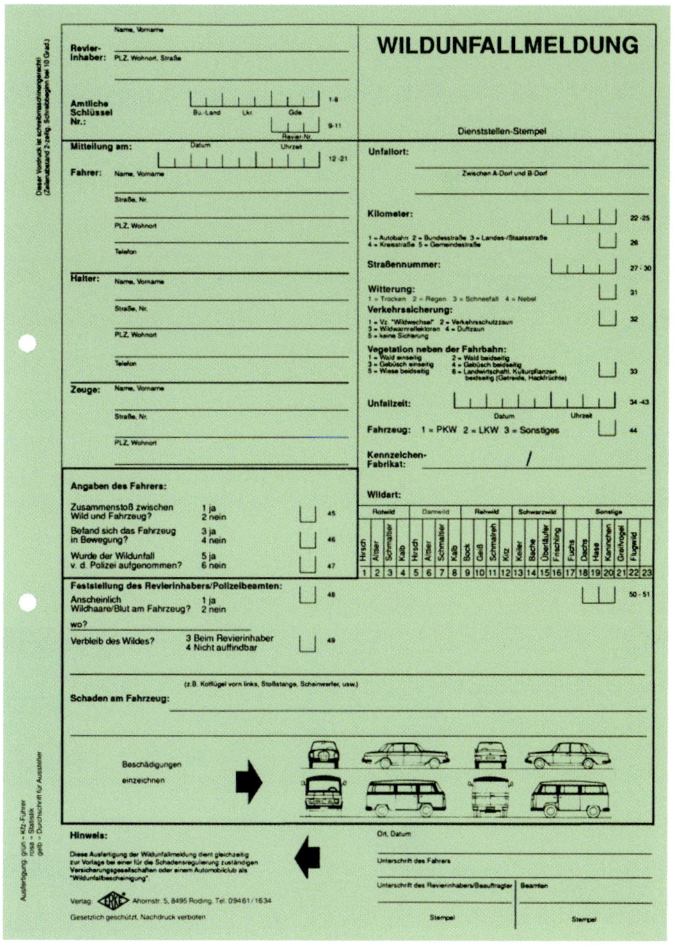
WILDUNFALLMELDUNG

Revier-Inhaber: Name, Vorname / PLZ, Wohnort, Straße

Amtliche Schlüssel Nr.:

Mitteilung am:

Fahrer: Name, Vorname / Straße, Nr. / PLZ, Wohnort / Telefon

Halter: Name, Vorname / Straße, Nr. / PLZ, Wohnort / Telefon

Zeuge: Name, Vorname / Straße, Nr. / PLZ, Wohnort

Dienststellen-Stempel

Unfallort:

Kilometer:

Straßennummer:

Witterung:

Verkehrssicherung:

Vegetation neben der Fahrbahn:

Unfallzeit:

Fahrzeug: 1 = PKW 2 = LKW 3 = Sonstiges

Kennzeichen-Fabrikat:

Wildart:

Angaben des Fahrers:

Feststellung des Revierinhabers/Polizeibeamten:

Verbleib des Wildes?

Schaden am Fahrzeug:

Beschädigungen einzeichnen

Hinweis:

Unterschrift des Fahrers

Meldebogen für Wildunfall „Chamer Modell"

Maßnahmen zur Wildunfallverhütung

Zur Verhinderung von Wildunfällen dienen unter anderem das Spritzen von Duftzäunen (E) sowie Wildwarnreflektoren (A + F), Wildschutzzäune (B), Wildtunnel (Unterführungen) (C), Wildbrücken (Überführungen) (D).

Abbildungen und Quelle:
„Chamer Modell" H. Kerzel
„blauer Reflektor" K. Löhnert

Straßenrandgestaltung und Wildablenk-Äsungsflächen

Nach Langzeituntersuchungen des ADAC und des Landesjagdverbands Bayern e. V. ereignen sich Wildunfälle dort, wo die Straßen eine **Straßenbegleitvegetation** aufweisen.

Der Straßenbaulastträger ist verpflichtet, im Rahmen von Straßenbaumaßnahmen ungenutzte Restflächen zu begrünen. Hierzu werden häufig jene Pflanzenarten verwendet, die für das Wild, insbesondere **Rehwild** eine hohe Attraktivität besitzen. Rehwild konzentriert sich deshalb in Straßennähe, um schmackhafte **Kräuter und Gräser** zu äsen.

Unter diesen Umständen entsteht eine erhöhte **Unfallgefahr**.

Empfehlung des Deutschen Jagdschutz-Verbandes (DJV) in Zusammenarbeit mit dem Deutschen Verkehrssicherheitsrat (DVR):
Verzicht auf Aussaat von Leguminosen wie z. B.

- **Einjährige und Mehrjährige Lupinen,**
- **alle Kleearten,**
- **Luzerne,**
  dafür Aussaat von Gräsern unter dem Gesichtspunkt fehlender Attraktivität wie z. B.
- Rasen-Schmiele,
- Rotes Straußgras, Großes Straußgras,
- Glatthafer, Binse,
- Habichtskräuter, Glockenblumen usw.

Sauen brechen gerne auf Wegbanketten (oben)
Modell für die Rücknahme der Straßenbegleitvegetation (mitte)
Anlage von Wildäckern im Rahmen des „Chamer Modells" (unten)

Wildverluste durch die moderne Land- und Forstwirtschaft

Modernisierung und Intensivierung der Land- und Forstwirtschaft, aber auch Maßnahmen zur Flurbereinigung führten bis heute zu meist großflächigen Monokulturen. Bereits nach dem Abernten kommt es in vielen Revieren zu einem schlagartigen **Deckungs- und Äsungsmangel**. Man spricht vom **Ernteschock**. In der Landwirtschaft und in geringerem Umfang auch in der Forstwirtschaft werden Pflanzenschutzmittel verschiedener Arten verwendet. Hierzu zählen **Insektizide gegen Insekten, Fungizide gegen Pilze und Herbizide gegen Unkräuter.**

Diese Gifte gehören fast alle zwei Gruppen von chemischen Verbindungen an, den chlorierten Kohlenwasserstoffen und organischen Phosphorverbindungen. Bekanntester Vertreter der chlorierten Kohlenwasserstoffe ist das **DDT (Dichlor-Diphenyl-Trichloräthan)**.

Die Folgen von DDT:
- In den USA starben bereits Massen von Fischen und Wildtieren.
- Jeder Europäer hat bereits bis zu 2 mg DDT pro kg Körpergewicht in sich.
- Gegen DDT sind heute bereits ca. 150 Insektenarten immun.

In der Bundesrepublik Deutschland ist DDT seit 1971 als Pflanzenschutzmittel verboten.

Mit der Äsung aufgenommene chemische Dünge- und Pflanzenschutzmittel führen bei wild lebenden Tieren immer häufiger zu Vergiftungen mit zum Teil schwerwiegenden Folgen, z. B. Fruchtbarkeitsstörungen und Missbildungen, Lähmungen und Tod. Durch die Vernichtung (Ausrottung) vieler „Unkräuter" fehlt dem Wild oft die **lebensnotwendige Äsungsvielfalt. Gifte bewirken eine Verarmung der Pflanzenwelt und in der Folge einen Rückgang bei den frei lebenden Tieren.**

Einseitige Düngemaßnahmen, z. B. durch Gülle, führen zur Überanreicherung mit Stickstoff und in der Folge zur Artenverarmung der Wiesenflora. Früher Wiesenschnitt zur Silagegewinnung verhindert das Ausreifen einjähriger Kräuter. Viele aus menschlicher Sicht „unnütze Unkräuter" wirken beim Wild als **Heilkräuter**. Durch mangelnde Abwehrkräfte gegenüber Krankheiten kommt es zu vermehrten Wildverlusten.

Junghasen

Ganzpflanzensilage (Triticale) im Juni (Brut- und Aufzuchtzeit) - das Aus für Bodenbrüter und Jungwild!

Alle Jahre führt in der Landwirtschaft der Einsatz moderner Maschinen zu großen Wildverlusten. So sind z. B. bei der Heuernte (Mahd) von den jagdbaren Tieren besonders das **Jungwild von Rehwild und Hase** und die Gelege von Wiesenbrütern wie z. B. **Rebhuhn und Fasan** sowie die Gelege von vielen nichtjagdbaren Vogelarten gefährdet.

Jährliche Wildverluste durch Maschineneinsatz:

Wildart:	Stück:
Fasan	ca. 200.000
Hase	ca. 100.000
Rehwild	ca. 60.000
Rebhuhn	ca. 40.000

Wildschutz in der Landwirtschaft

Zum Wildschutz gehören auch alle vorbeugenden Maßnahmen zur Rettung von Wild, insbesondere von Jungwild und Gelegen. In der modernen Landwirtschaft droht erhöhte Gefahr durch den Mähtod, insbesondere beim Einsatz von **Kreiselmähern**. Voraussetzung für entsprechende Schutzmaßnahmen durch den Jäger ist die rechtzeitige (vorherige) **Absprache mit den Jagdgenossen** bzw. die Information über bevorstehende Mähtermine.

Vorbeugende Maßnahmen:

Am Abend vor dem Grasschnitt (Mahd)

A **Wildscheuchen aufstellen**,
z. B. Papiertüten, Luftballons etc.
Fällt der Mähtermin aus, werden die Scheuchen wieder eingesammelt.

Unmittelbar vor der Mahd die Wiese

B **mit dem Hund absuchen**.
Gefundenes Jungwild (Kitze) nicht mit bloßen Händen anfassen (Fremdgeruch!), sondern z. B. mit Hilfe von Grasbüscheln aus dem Gefahrenbereich tragen.

Gefundene Gelege (auch später ausgemähte) von Rebhuhn und Fasan können vom Jäger mitgenommen und künstlich oder mit der Hühnerglucke ausgebrütet werden.

Bei der Mahd den Kreiselmäher mit einem

C **Mähretter (Wildretter)** versehen.
Dieser ist in der Regel eine Anschaffung des Jägers zum Verleih an die einzelnen Jagdgenossen.

Wildverlusten durch Verkleinerung des Lebensraumes, Äsungsmangel oder Vergiftungen (z. B. durch Pflanzenschutzmittel) kann weitgehend durch eine umweltbewusste Landwirtschaft vorgebeugt werden. Man bezeichnet diese Wirtschaftsweise auch als integrierten Landbau.

Bei der Feldbestellung bedeutet dies z. B. **maßvoller Einsatz chemischer Pflanzenschutzmittel** (integrierter Pflanzenschutz) und **Umstellung auf natürliche Düngung** (z. B. Zwischenfruchtanbau zur Gründüngung).

Zu den vorbeugenden Wildschutzmaßnahmen zählen ferner:

- **Anlage von Wildäsungsflächen** im Zuge von Flächenstilllegungen (auch Anpachtung von Flächen durch den Jäger)
- **Schaffung bzw. Verbesserung von Wildlebensräumen** bei anstehenden Flurbereinigungsverfahren, z. B. durch die
- **Erhaltung bzw. Anlage von Hecken, Hegebüschen, Feldgehölzen** sowie die
- **Erhaltung von Tümpeln und Feuchtgebieten** bzw.
- **Neuschaffung** bei Rekultivierungsmaßnahmen

Deckung und Äsung in der Feldflur

Schematische Darstellung des Einzugsgebietes von Hecke (Waldrand) in der Feldflur

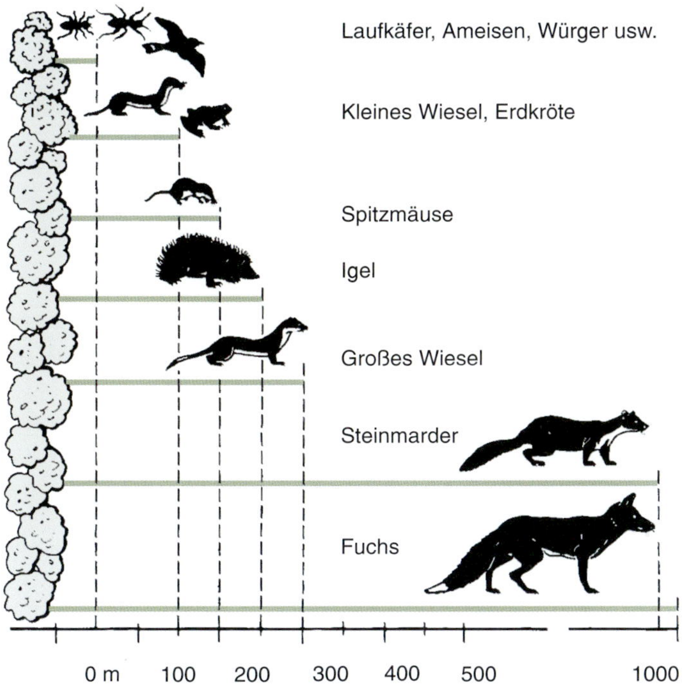

Neuntöter - Alt- und Jungvogel

strukturreiche Feldflur - ideale Verhältnisse für das Niederwild

Grundsätzlich braucht unser Wild vier Dinge:

- **Deckung**
- **Äsung**
- **Wasser**
- **Ruhe**

Deckung und Äsung bieten im freien Feld, insbesondere von Herbst bis zum Frühjahr, ...

- **Feldraine**
- **Hegebüsche**
- **Feldgehölze und Remisen**
- **Hecken und Knicks**
- **Uferbegleitpflanzungen und Schilfbestände**
- **Pufferstreifen entlang von Fließgewässern**

Diese Flächen sind Lebensraum für zahlreiche Tier- und Pflanzenarten. Als sogenannte Kleinbiotope in der oft intensiv genutzten Feldflur bilden sie Trittsteine gegen die Verinselung verschiedener Tier- und Pflanzenvorkommen. Sie sollten nach Möglichkeit miteinander vernetzt sein und damit sowohl Biotopverbindungen wie sicheres Ausweichen vor Gefahren ermöglichen.

Nicht nur die jagdbaren Tierarten profitieren davon. Viele Vögel finden hier eine entsprechende Brutmöglichkeit und auch die Feinde der landwirtschaftlichen Schädlinge (z. B. Igel, Eidechsen, Kröten) finden hier eine Zufluchtsstätte. Eine ähnliche Bedeutung kommt auch den natürlich aufgebauten Waldrändern zu. Wo das natürliche Angebot nicht ausreicht oder fehlt, muss der Mensch durch entsprechende Maßnahmen zur Reviergestaltung nachhelfen.

Kleinbiotope sind komplexe Ökosysteme, oft sogar mit einem eigenen Kleinklima und eigenen Licht-, Temperatur- und Feuchtigkeitsverhältnissen.

Viele der hier wachsenden Wildpflanzen sind aus den Äckern und Wiesen längst verdrängt worden. Manche Arten haben für das Wild eine Bedeutung als Heilkräuter oder sind Nahrungspflanzen für zahlreiche Insekten. Die Erhaltung, Pflege und Neuanlage von Hegebüschen, Hecken und Feldgehölzen ist deshalb wichtig. Wo immer es möglich ist, sollten Neuanlagen geschaffen werden. Ist dies in der freien Landschaft mangels Flächen nicht im erforderlichen Umfang zu verwirklichen, bietet sich auch eine Waldrandgestaltung (-bepflanzung) an.

Bei allen Maßnahmen ist allerdings das Einverständnis des Grundstückseigentümers vorher einzuholen.

Feldraine - Hegebüsche (Einzelgehölze)

Bei Feldrainen handelt es sich um langgestreckte, schmale Brachlandstreifen am Rand bzw. zwischen landwirtschaftlichen Nutzflächen.

Oft bilden sie im sonst ebenen Gelände Grenzstreifen (Geländestreifen) mit einem Bewuchs aus Gräsern und Kräutern.

Als Hegebüsche bezeichnet man einzeln stehende Sträucher in der freien Landschaft mit einem Unterwuchs aus Gräsern und Kräutern.

Feldraine und Hegebüsche sind in der Nutzlandschaft oft die letzte Zufluchtsstätte für Niederwild wie z. B. Hase, Kaninchen und Rebhuhn.

Feldrain mit Weidenröschen in der Blüte (oben)
Hegebusch (unten)

Feldgehölze (Gehölzgruppen)

Als Feldgehölz bezeichnet man großflächigere Gehölze von unterschiedlicher Größe und unterschiedlicher Form. Feldgehölze zeigen einen natürlichen **stufenförmigen Aufbau** mit einer meist **buschigen Randzone (A)** aus Sträuchern und einer **waldähnlichen Innenzone (B)**. Je nach Gehölzgröße wechseln sich im Inneren **kleinere Freiflächen (C)** mit Baum- und Strauchguppen **(A + B)** ab. Zusätzliche Stein-, Reisighaufen und Totholz (Stuppen) erhöhen die biologische Vielfalt.

typisches Feldgehölz mit vorgelagerten Hegebüschen

Feldgehölze im Winter (unten)

Hecken (Knicks, Wallhecken, Lesesteinhecken)

Raine, Hecken und Knicks sind aus Grenzlinien bei der landwirtschaftlichen Nutzung entstanden. Hecken sind in der offenen Feldflur ein wichtiger Wind-, Erosions- und Verdunstungsschutz.

Unsere heutigen Hecken lassen sich aus drei Urformen ableiten:

- dem norddeutschen Knick
- der Wallhecke
- der süddeutschen Lesesteinhecke

Bei der Lesesteinhecke handelt es sich meist um ca. 1 m hohe **Erd- oder Steinwälle** (z. B. Feldsteine) mit einer langgezogenen **Bepflanzung aus Sträuchern und Bäumen**.

Diese truppweisen Anpflanzungen bilden lebende Zäune mit dichtem Unterholz und dazwischen leicht begehbaren Stellen. Der Querschnitt (Grafik) durch eine Hecke zeigt den stufigen Aufbau. Nicht bewirtschaftete Randstreifen entlang von Hecken und Gewässern verhindern den Nährstoff- und Pflanzenschutzmitteleintrag.

Uferbegleitpflanzungen, Schilfbestände

Uferbegleitpflanzungen bilden einen Übergangsbereich zwischen zwei verschiedenen Lebensräumen.

Wie Hecken sind diese Landschaftselemente in der oftmals ausgeräumten Feldflur nach dem Abernten der Felder die einzige Deckung für das Niederwild. Neben Gräsern wie z. B. das Rohrglanzgras sowie **Schilfrohr** und verschiedene **Hochstauden** (z. B. Mädesüß, Brennnessel) findet man am Rande von Gewässern meist **feuchtigkeitsliebende Baum- und Straucharten** wie z. B. Erle oder verschiedene Weidenarten. Weiden gibt es in verschiedenen Arten und Wuchsformen. Neben Baumweiden (z. B. Silberweiden) gibt es auch Strauchformen (z. B. Mandelweiden). Stockausschläge der Roterlen und Weiden geben gute **Brutdeckung**, z. B. für Enten. Besonders das Schilfrohr bildet oft **ausgedehnte Bestände**, die dann auch vom **Schalenwild (Schwarzwild)** als Tagesdeckung angenommen werden.

Rohr- und Schilfbestände dürfen nur vom 1.10. bis 28.02. gemäht werden.

Uferrandbepflanzung (Schilfbestand) (oben)
Rohrkolben (unten links), Schilf (unten rechts)

Die wichtigsten Sträucher

Strauchweiden, z. B. Ohrweide, Öhrchenweide (Salix aurita L.)

Merkmale:
Alle Weiden (Strauch- und Baumweiden) gehören zu den Weich(laub)hölzern.

Höhe: bis zu 2 m hoher Strauch
Blütezeit: April - Mai
Blüten: weiße Kätzchen, ca. 2 cm lang, filzig behaart, werden zu Samen männliche Blüten: gelbe Staubbeutel
Zweige: oft rötlich glatte Zweige und Knospen
Blätter: 2 - 5 cm lang, rundlich-eiförmig, öhrchenförmige Nebenblätter am Grund der Blattstiele
Verbreitung: am Rand von Mooren, Seeufern, Bruchwälder
Bedeutung: Äsung und teilweise Deckung für Hoch- und Niederwild, Verbiss von Trieben, Knospen und Rinde, geeignet für Verbissgehölze (begehrte Winteräsung), Pioniergehölz, Ufergestaltung

Heckenrose, Hundsrose, Wildrose (Rosa canina L.)

Merkmale:
Höhe: 1 - 3 m hoher Strauch
Blütezeit: Mai - Juli
Blüten: hellrot (rosa) bis weiß, nicht duftend
Zweige: mit hakigen Stacheln bewehrt
Blätter: unpaarig gefiedert, gezähnt
Früchte: rote, vitaminreiche Früchte (Hagebutten)
Verbreitung: unsere häufigste Wildrosenart, liebt sonnige Lagen und kalkhaltige Böden
Bedeutung: bietet Äsung und Deckung für Niederwild, insbesondere für Rehwild und Vögel, getrocknete Früchte für die Winteräsung, geeignet für Verbissgehölze, Heckenpflanze

Hasel, Haselnuss, Waldhasel (Corylus avellana L.)

Merkmale:
Höhe: 2 - 6 m hoher Strauch
Blütezeit: März - April
Blüten: männlich: hängende Kätzchen mit gelben Staubbeuteln
weiblich: aufrecht stehend, schuppig
Zweige: mittel- bis dunkelbraun
Blätter: rundlich, herzförmig zugespitzt, doppelt gezähnt
Früchte: Nuss (Haselnuss) in becherförmiger, zerschlitzter Hülle
Verbreitung: Gebüsche, Laubwälder, Waldränder, liebt nährstoffreiche, nicht zu feuchte Böden
Bedeutung: Äsung und Deckung für Hoch- und Niederwild, geäst werden Knospen, Triebe und die vitaminreichen Früchte, geeignet für Verbissgehölze, Waldrandgestaltung, Hecken

Die wichtigsten Sträucher

Roter Holunder, Hirschholunder, Traubenholunder
(Sambucus racemosa L.)

Merkmale:
Höhe: 3 - 4 m hoher Strauch
Blütezeit: April - Mai
Blüten: grünlich-gelb, Blütenrispen nach Mehl riechend
Blätter: unpaarig gefiederte Blätter mit 5 - 7 gesägten Blättchen
Früchte: rote Beeren, essbar
Verbreitung: besonders im Bergland, Nadel- und Mischwälder, Kahlschläge, Schutthalden
Bedeutung: Äsung für Hoch- und Niederwild, geäst werden Früchte (Beeren), Verbiss von Knospen, Trieben und Rinde, geeignet für Verbissgehölze, Heckenpflanze, wichtig für Waldrandgestaltung

Schwarzer Holunder (Sambucus nigra L.)

Merkmale:
Höhe: bis 7 m hoher Strauch oder Baum
Blütezeit: Juni - Juli
Blüten: kleine, weißgelbe Blüten bilden ca. 10 - 20 cm breite Doldenrispe
Zweige: stark markgefüllt
Blätter: unpaarig gefiedert mit stark aromatischem Geruch
Früchte: schwarzviolette Beeren (Holunderbeeren), essbar
Verbreitung: gedeiht auf allen Böden, weit verbreitet
Bedeutung: Deckungspflanze, schnellwüchsig und üppig, Heckenpflanze, Beeren dienen auch im Winter als Vogelfutter

Gemeine Traubenkirsche (Prunus padus L.)

Merkmale:
Höhe: Strauch oder bis 15 m hoher Baum
Blütezeit: April - Mai
Blüten: weiße Kelchblüten in aufrechten oder hängenden Trauben
Blätter: fast kahle Blätter, 5 - 10 cm lang
Früchte: glänzend schwarz, kugelig mit Stein, schmecken bittersüß
Verbreitung: in feuchten Wäldern und Gebüschen, Auwälder, Waldränder
Bedeutung: Äsung und Deckung für Niederwild und Vögel, geäst werden die Früchte, Verbissgehölz, geeignet für Hecken, Feldgehölze, Waldränder

Die wichtigsten Sträucher

Gemeiner oder Gewöhnlicher Schneeball
(Viburnum opulus L.)

Merkmale:
Höhe: 1 - 4 m hoher Strauch
Blütezeit: Mai - Juni
Blüten: Doldenrispe mit weißen Blüten
Blätter: rundlich, 3- bis 5-lappig, bis 12 cm lang und breit
Früchte: kugelige Beeren, rot
Verbreitung: häufig in Auenwäldern, Bachränder, Waldränder
Bedeutung: gute Deckungspflanze, wird aber oft nur wenig verbissen

Wolliger Schneeball (Viburnum lantana L.)

Merkmale:
Höhe: 2 - 4 m hoher Strauch
Blütezeit: Mai - Juni
Blüten: klein, weiß - gelblichweiß, in ca. 10 cm breiten Trugdolden
Blätter: länglich-eiförmig, 6 - 12 cm lang, Ränder fein gesägt
Früchte: eiförmige Beeren, zuerst leuchtend rot, später schwarz
Verbreitung: meist auf kalkhaltigen Böden, Waldränder, Gebüsche, lichte Eichen- und Kiefernwälder
Bedeutung: durch dichtes Blattwerk insbesondere Deckung für Niederwild und Vögel, geäst werden Früchte und Blätter, geeignet für Verbissgehölze, Heckenpflanze

Pfaffenhütchen (Euonymus europaea L.)

Merkmale:
Höhe: bis 6 m hoher Strauch oder Baum
Blütezeit: Mai - Juni
Blüten: klein, grünlich oder weißlich, in lockeren Trugdolden
Zweige: junge Triebe grün mit 4 vorspringenden Kanten
Blätter: oval, 4 - 6 cm lang, kurzgestielt, gegenständig
Früchte: karminrote Kapselfrüchte, ähnlich einem Kardinalshut (daher der Name Pfaffenhütchen)
Verbreitung: Auen, Feld- und Waldränder, lichte Wälder, bevorzugt kalkhaltige Böden
Bedeutung: bietet gute Deckung, wird von Rehwild verbissen, Früchte für den Menschen giftig!

Die wichtigsten Sträucher

Weißdorn, Gemeiner Weißdorn (Crataegus oxyacantha L.)

Merkmale:
Höhe: bis 10 m hoch, meist Strauchform
Blütezeit: Mai - Juni
Blüten: weiß, 5-zählige Blüten
Blätter: rundlich oder eiförmig, tief eingeschnitten mit 3 - 5 spitz zulaufenden Lappen, Oberseite glänzend
Früchte: rote, eiförmig - kugelige Beeren mit Steinkern
Verbreitung: stellt geringe Bodenansprüche, bis in Mittelgebirgslagen (ca. 900 m)
Bedeutung: Äsung (Früchte) und Deckung für Niederwild und Vögel, Bienenweide, Heckenpflanze

Schwarzdorn, Schlehe, Schlehdorn (Prunus spinosa L.)

Merkmale:
Höhe: bis 3 m hoher Strauch
Blütezeit: April - Mai
Blüten: weiß, 5-zählige Blüten, einzeln oder in Büscheln stehend
Zweige: in spitzen Dornen auslaufend
Blätter: elliptisch, dunkelgrün, fein gezähnt, kurz gestielt, junge Blätter eingerollt
Früchte: kugelige, blauschwarze Früchte mit Steinkern
Verbreitung: liebt trockene, kalkreiche, nährstoffreiche Böden
Bedeutung: Deckung und Äsung für Niederwild und Vögel, geäst werden die Früchte (Vögel)

Sanddorn (Hippophae rhamnoides L.)

Merkmale:
Höhe: 1 - 3,5 m hoher Strauch, selten kleiner Baum
Blütezeit: März - Mai
Blüten: sehr kleine bräunliche Blüten, männliche und weibliche auf verschiedenen Pflanzen (= zweihäusig)
Zweige: silbrig weiß mit Dornen besetzt
Blätter: lanzettförmig, 5 - 8 cm lang, Unterseite silbrig weiß
Früchte: kleine, orangerote Scheinfrüchte (Beeren), essbar
Verbreitung: bevorzugt sandige frische Böden, Lichtpflanze, wird leicht verdrängt
Bedeutung: Deckung für Hoch- und Niederwild, geäst werden die Blätter (Hase), einjährige Triebe (Rotwild) und Früchte (Fasan)

Kornelkirsche (Cornus mas)

Merkmale: bis 4 m Großstrauch, im Alter höher
Blütezeit: März / April
Blüten: kleine gelbe Blüten
Früchte: glänzend rot, länglich und etwa 2 cm lang, essbar, aber säuerlich
Verbreitung: wärmeliebend, häufig auf kalkhaltigen Boden, oft angepflanzt, Hecken, Waldränder
Bedeutung: Bienenweide, Früchte (Vogelnahrung)

Die wichtigsten Sträucher

Liguster, Gewöhnlicher Liguster (Ligustrum vulgare L.)

Merkmale:
Höhe: 1 - 4 m hoher Strauch
Blütezeit: Mai - Juli
Blüten: klein, weiß, trichterförmig, in dichten Rispen stehend
Blätter: länglich-lanzettlich, kreuzweise gegenständig
Früchte: schwarze, glänzende Beeren
Verbreitung: liebt Kalkböden und sonnige Haine, Waldränder, Mischwälder, Flussauen
Bedeutung: Äsung und Deckung für Vögel und kleineres Niederwild, häufig wintergrün, vitaminreiche Früchte (für den Menschen ungenießbar)

Besenginster, Hasenheide (links) (Sarothamnus scoparius L.)

Merkmale:
Höhe: 1 - 2 m hoher Strauch
Blütezeit: April - Juni
Blüten: groß, leuchtend gelb (Schmetterlingsblütler)
Zweige: 4- bis 5-kantige grüne Zweige
Blätter: schmal, meist 3-zählig
Früchte: ca. 3 - 5 cm lange, flache, behaarte Hülsen, reif schwarz
Verbreitung: bevorzugt sandige, trockene, nährstoffarme Böden
Bedeutung: als Deckungspflanze bestens geeignet, geäst werden Blätter und einjährige Triebe (Schalenwild, Hase, Kaninchen), Pioniergehölz
Weitere Art: **Zwergginster**, ca. 10 - 30 cm hoch, auf trockenen nährstoffarmen Böden (Bild rechts)

Faulbaum, Pulverholz (Rhamnus frangula L.)

Merkmale:
Höhe: bis 4 m hoher Strauch
Blütezeit: Mai - Juni
Blüten: kleine, gelbgrüne Blüten, in den Blattachseln wachsend
Blätter: rundlich bis eiförmig, wechselständig
Früchte: rote, später dunkelblaue Beeren
Verbreitung: anspruchslos, verträgt Halbschatten, auf frischen bis feuchten Sanden
Bedeutung: guter Deckungsstrauch für alles Wild, Beeren als Vogelfutter

Anmerkung:
Holz wurde früher zur Schwarzpulverherstellung (Holzkohle) verwendet.

Die wichtigsten Sträucher

Himbeere (Rubus idaeus L.)

Merkmale:
Höhe: 1 - 2 m hoher Strauch
Blütezeit: Mai - August
Blüten: 5 schmale, weiße Blütenblätter
Blätter: 3- bis 7-zählige gefiederte Blätter, Unterseite weißfilzig
Früchte: rote, aromatische, essbare Früchte
Verbreitung: weit verbreitet in lichten Wäldern, auf mäßig frischen Böden
Bedeutung: Äsung und Deckung für Niederwild und Vögel, geäst werden Früchte, Blätter und Triebe, geeignet für Verbissgehölze, wichtige Äsungspflanze für alles wiederkäuende Schalenwild

Hartriegel (Cornus sanguinea)

Merkmale:
Höhe: bis 4 m
Blätter: gegenständig angeordnet, blutrote Herbstfärbung
Früchte: erbsengroße, blauschwarze Steinfrüchte, reifen im August - Oktober, bildet Stockausschlag und vermehrt sich auch durch Wurzelsprosse und Absenker, wird gerne verbissen

Brombeere (Rubus fruticosus)

Merkmale:
Höhe: bis 1,2 m hoher Strauch, viele Unterarten
Blütezeit: Juni - August
Blüten: 5 weiße bis hellrote Blütenblätter
Zweige: stachelig
Blätter: meist 5-fingerige Blätter, gezähnt
Früchte: anfangs rote, später tiefschwarze, aromatische, essbare Früchte
Verbreitung: in lichten Wäldern weit verbreitet
Bedeutung: Äsung und Deckung für Niederwild und Vögel, geäst werden Früchte, Blätter und Triebe; winterfeste, mineralhaltige Laubäsung für alles wiederkäuende Schalenwild, geeignet für Verbissgehölze

Manche Unterarten verlieren im Herbst ihr Laub nicht oder erst spät und liefern wertvolle natürliche Äsung im Winter vor allem für Schalenwild (außer Schwarzwild).

Gemeine-, Rote Heckenkirsche
(Lonicera xylosteum)

Merkmale:
Höhe: bis 2 m (selten höher)
Blätter: gegenständig angeordnet, breit eiförmig, meist spitz
Früchte: dunkelrote kugelige Beeren, stets paarweise

Beide Arten sind wichtige Heckensträucher und vertragen auch Schatten. Gruppenweise gepflanzt ergeben sie eine gute Winterdeckung. Die Beeren sind eine wichtige Vogelnahrung.

Beeren sind giftig, können aber von Vögeln gegessen werden!
2 Beeren wachsen an einem Stiel
nächst höhere Traubenkirsche

Die wichtigsten Wildobstarten

Wildapfel, Holzapfel (Malus silvestris Mill.)

Merkmale:

Höhe: als Strauch bis 6 m, als Baum bis 15 m
Blütezeit: Mai
Blüten: weiß, Außenseite rötlich, in kleinen Sträußen stehend
Rinde: graubraun, wird rissig, blättert in dünnen, großflächigen Schuppen ab
Blätter: eiförmig, zugespitzt
Früchte: kugelige Äpfel, rot oder grün, 2 - 3 cm Durchmesser, langstielig

Verbreitung: ganz Europa, außer hoher Norden, häufig an Waldrändern

Bedeutung: gilt auch als Mastbaum, bietet wertvolle Zusatzäsung, Prossholzlieferant, wertvoll für die Hasenhege, für Waldrandgestaltung und Hecken

Wildbirne, Holzbirne (Pyrus communis L.)

Merkmale:

Höhe: als Strauch bis 6 m, als Baum bis 20 m
Blütezeit: April - Mai
Blüten: weiß, langgestielt, purpurrote Staubbeutel, Dolden mit 6 - 12 Blüten
Rinde: jung: grün und glatt
älter: braun, schuppt sich ab
Blätter: oval oder fast rund, ca. 6 cm lang, ganzrandig oder leicht gezahnt
Früchte: rund bis birnenförmig, 3 - 4 cm groß, grün bis gelb

Verbreitung: Mittel- und Südeuropa, vereinzelt in Trockenwäldern

Bedeutung: gilt auch als Mastbaum, bietet wertvolle Zusatzäsung, Prossholzlieferant, durch Wurzeltriebe meist Gebüschbildung

Wildkirsche, Vogelkirsche (Prunus avium L.)

Merkmale:

Höhe: bis 20 m hoher Baum
Blütezeit: Mai
Blüten: weiß, auf ca. 5 cm langen Stielen sitzend, in doldenförmigen Büscheln
Rinde: jung: graubraun, weich, glatt und glänzend
älter: borkig, waagrechte Risse
Blätter: elliptisch, mattgrün, doppelgesägt
Früchte: erbsengroße Kirschen, schwarzrot bis rot

Verbreitung: ganz Europa ohne hoher Norden, Waldränder und verwildertes Weideland

Bedeutung: bietet wertvolle Zusatzäsung, Prossholzlieferant, geeignet für Verbissgehölze und Waldrandgestaltung

Die künstliche Anlage einer Remise (eines Feldgehölzes)

Wo ausreichend Deckung und Äsung fehlen, lassen sich an geeigneter Stelle Feldgehölze inform einer Remise neu anpflanzen. Die Anpflanzung erfolgt **stufenförmig** und soweit möglich quer zur Hauptwindrichtung, damit der **Wind darüber hinweggleiten** kann.

Zu künstlichen Neuanlagen sollten nur **standortgerechte einheimische Pflanzen** (Bäume und Sträucher) verwendet werden. Auf keinen Fall sollen fremdländische Pflanzen wie z. B. Riesenbärenklau (Herakleumrohr) oder Sachalinknöterich und Sträucher wie z. B. Fasanenspiräe, Schneebeere, Spätblühende Traubenkirsche usw. angepflanzt werden. Die Wahl der Baum- und Straucharten ist vom Boden und Klima abhängig. Auf sehr armen Sandstandorten wachsen oft nur Ginster, Sanddorn, Wildrosen und einige Weidenarten.

Bei allen Neuanpflanzungen, z. B. auch Streuobstwiesen, müssen die gesetzlichen Mindestabstände zum Nachbargrundstück eingehalten werden.

Bei der künstlichen Anlage und Bepflanzung zeigt der Querschnitt drei Zonen:

A - Randzone / Saumzone mit Gras-Krautbewuchs	**B - Mantelzone** mit dicht wachsendem, buchtenreichem Strauchbewuchs	**C - Kernzone** **Laubbäume**	**Nadelbäume**
geeignete Pflanzen sind: **Gräser** **Kräuter** **Staudengewächse** Beispiele: **Knaulgras** **Rainfarn** **Weidenröschen** **Schafgarbe** **Beifuß** **Brennnessel** usw.	geeignete Pflanzen sind: **Dornbüsche** Beispiele: **Brombeere** **Hundsrose (Wildrose)** **Schlehdorn** **Weißdorn** **Kreuzdorn,** aber auch **Schwarzer Holunder** **Hartriegel** **Haselnuss** **Pfaffenhütchen** **Liguster** **Ginster** **Weidenarten** usw.	geeignete Laubbäume sind z. B. **Vogelbeere** **Gemeine Traubenkirsche** sowie **alle Wildobstarten** und als Bienenweide z. B. **Baumweiden** **(z. B. Silberweide)** **Salweiden** **Feldahorn** usw., aber auch Bäume wie **Bergulme** **Winterlinde** **Esche** **Stieleiche** usw.	geeignete Nadelbäume sind z. B. **Rotfichte** **Stechfichte**

Remisen, Feldgehölze, Hecken usw. sind Anziehungspunkte für Raubwild und streunende Katzen. Deshalb befinden sich dort auch oft ideale Voraussetzungen für die Fallenjagd.

Anlage einer Benjeshecke

Die Entwicklung einer Benjeshecke bleibt häufig hinter den Erwartungen zurück.

Beispiel einer Benjeshecke mit Beipflanzung, angelegt im Frühjahr 2008, aufgenommen im Mai 2009

Die Benjeshecke ist nach ihrem Erfinder Hermann Benjes benannt. Dazu wird einfach auf einem Geländestreifen ein ca. 3 - 4 m breiter und ca. 1,5 m hoher Wall aus **sperrigem Astwerk,** z. B. von Heckenpflege oder Baumschnitt, aufgeschichtet. Solche Reisigwälle bieten bei lockerer Schichtung **sofort Deckung** für viele verschiedene Wildarten. Zu empfehlen ist, schon bei der Neuanlage einzelne Bäume und Sträucher in die anschließende Astwerkaufschichtung zu pflanzen. Der Reisigwall wird nach ca. einem Jahr durch natürlich eingewachsenes Gras verstärkt. Das dürre Gras wird auch vom Schnee (Winter) nicht niedergedrückt und verstärkt zusätzlich Deckung und Windschutz. Solche Wälle aus Astwerk werden auch von vielen Vögeln angeflogen. Sie bringen mit ihrem Kot zusätzliche Samen von standortgerechten Bäumen und Sträuchern, die dort keimen und einwachsen.

Vorteile der Benjeshecke:

- sinnvolle Verwendung von Hecken- und Baumschnitt
- sofortiger Lebensraum (Deckung) für viele Tierarten
- im Landschaftsbild entstehen keine störenden Zäune
- für zusätzliche Pflanzungen erhält man einen biologischen Verbiss- und Fegeschutz
- bei der Gestaltung entstehen nur geringe Unkosten

Die Erwartungen bezüglich der Selbstansamung von Sträuchern in Benjeshecken werden allerdings in der Praxis nur selten erfüllt, da die Keimlinge im dichten und mit jedem Jahr zusammensackenden Astwerk nicht genug Licht bekommen.

Pflege von Feldgehölzen, Remisen und Hecken

Bei allen Maßnahmen ist das Einverständnis des Grundstückseigentümers, in Landschaftsschutzgebieten und Biosphärenreservaten auch das Einverständnis der zuständigen Behörde vorher einzuholen. Feldgehölze, Remisen und Hecken erfordern in Abständen von mehreren Jahren Maßnahmen zur Pflege und Erhaltung.
Die beste Pflanzzeit ist der Vorfrühling. Rückschnitte erfolgen im Oktober - Februar außerhalb der Brut- und Aufzuchtzeit (Ländergesetzgebung beachten!). Ein verstärktes Ausholzen erfolgt meist nach ca. 5 - 10 Jahren.

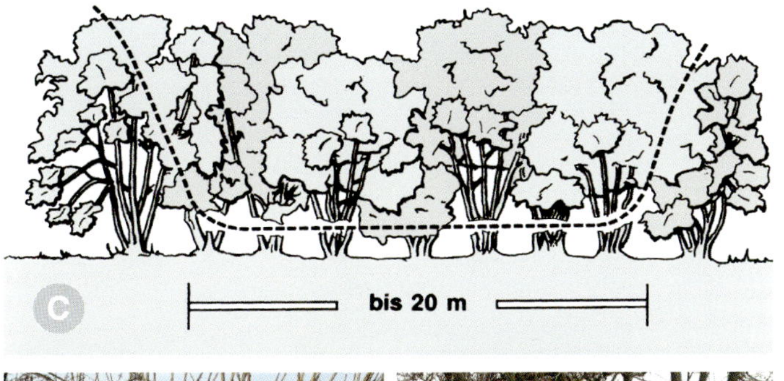

Bei Feldgehölzen und Remisen gilt:
Erhalten werden soll die Deckung und der stufenförmige Aufbau bis zu einer maximalen Höhe von 6 m. Bäume und Sträucher, die verstärkt Stockausschäle bilden kann man entsprechend **auf den Stock setzen** **(A)**. Nadelbäume (Fichten, Kiefern), aber auch Kopfweiden der Windseite werden meist **nur geköpft** **(B)**, damit sie unten dicht bleiben.

Nadelbäume schlagen nicht mehr aus, wenn sie auf den Stock gesetzt werden, ebenso z. B. der Wildapfel und älterer Weißdorn. Gut stockausschlagfähig sind hingegen Esche, Ahorn, Erle, Eiche, Weiden, Vogelbeeren, Linde und Schlehe.

Zu schonen sind alte Bäume und Sträucher aller Art, insbesondere masttragende Bäume, deren Früchte gerne von Wild und Vögeln aufgenommen werden. Hierzu zählen z. B. Eiche, Vogelbeere, Wildobstarten, Holunder, aber auch Salweiden (Bienenweide).

Bei Hecken gilt:
Hecken bestehen oft überwiegend aus Laubholzarten und verkraften auch harte Eingriffe relativ gut.

Hecken werden in der Regel alle paar Jahre möglichst unter Belassung von eventuell besonderen Strukturelementen (wie z. B. Totholz, dichte Einzelbüsche) **auf den Stock gesetzt** **(C)**. Hierdurch erfolgt eine abschnittsweise Verjüngung.

Für Hecken gilt der Grundsatz:
oben licht - unten dicht

Bei der Entnahme von Bäumen und Sträuchern wird besonderer Wert auf die Erhaltung von deckungsspendenden Kräutern gelegt.

durch Pflege Strukturen schaffen und erhalten (Windschutz, Nistmöglichkeiten) (links),
Totholz erhalten - Beispiel: alte Salweide (rechts)

Pflege von Feldgehölzen, Remisen und Hecken

Stockausschläge des Weißdorns durchdringen die locker aufgeschichtete Reisigdeckung.

Heckenpflege, wie sie leider oft durchgeführt wird, schadet dem Wild mehr als sie nutzt.

Fragen zur Wiederholung

Die Fragen zur Wiederholung sind angelehnt an die Fragestellung der mündlichen Prüfung, in welcher oft übergeordnete Zusammenhänge abgefragt werden. Die Lösungen finden Sie in den voranstehenden Kapiteln 7 bis 10.

Welchen Störungen sind unsere Wildtiere durch den Freizeitdruck ausgesetzt?

Zur Vermeidung von menschlichen Störungen gibt es verschiedene Arten der Unterschutzstellung von bestimmten Gebieten. Welche sind das?

Welche Möglichkeiten gibt es zur Vermeidung von Wildunfällen im Straßenverkehr?

Wie wirkt sich die moderne Landwirtschaft auf die Lebensräume unserer Wildtiere aus?

Welche Arten von Deckung unterscheidet man in der Feldflur?

Wie soll im Idealfall eine Hecke (ein Feldgehölz) aufgebaut sein, damit sie eine möglichst hohe biologische Vielfalt aufweist?

Welche Pflanzen eignen sich zum Anlegen einer Remise und welche sollten nicht verwendet werden?

Was ist eine Benjeshecke?

Welche Grundsätze gibt es für die Pflege von Hecken und Feldgehölzen?

Was sind Weidenheger?

Wildäsungsflächen - Allgemeines

Als Wildäsungsflächen bezeichnet man alle Flächen, auf denen Wild Äsung findet, unabhängig davon, ob sie natürlich vorhanden oder künstlich angelegt sind.

Zur Verbesserung der Lebensbedingungen unseres Wildes zählt unter anderem die Schaffung eines **ausreichenden natürlichen Äsungsangebotes**. Bei manchen Wildarten zählt die Anlage von Wildäsungsflächen zu den indirekten oder vorbeugenden **Maßnahmen zur Wildschadensverhütung**. Wildäsungsflächen sollen helfen, Nahrungsengpässe, die durch die heutige Zivilisationslandschaft bedingt sind, zu beseitigen. Beim Rehwild / Rotwild kommt es z. B. dazu vor allem im **Oktober bis November** durch die Herbstfeistbildung und im **Mai bis Juli** durch Setzzeit, Verhaaren und Einstandskämpfe der Böcke. Die Art der anzulegenden Wildäsungsfläche richtet sich hauptsächlich nach den vertretenen Wildarten.

Bei der Planung ist zu beachten:
Äsungsflächen sollen möglichst **in der Nähe der Einstände** angelegt werden - aber nicht in der Nähe von Straßen, Eisenbahnlinien und Freizeitanlagen. Ideal sind Flächen **in oder neben den Tageseinständen**, damit das Wild bei Bedarf auch tagsüber äsen kann. Besser als wenige Großflächen ist die Anlage von **vielen kleineren Flächen**. Dies gilt insbesondere bei Wildäsungsflächen für Rehwild.

Bei den künstlich angelegten Wildäsungsflächen unterscheidet man zwischen **ein- und mehrjährige Nutzungsformen**. Einjährig erfolgt meist die Anlage von **Wildäckern**. Mehrjährige Anlagen sind z. B. **Wildwiesen, Dauergrünäsungsflächen** und **Verbissgehölze (Prossholzflächen)**.

Wildäsungsfläche auf forstlicher Gliederungslinie

kein Umbruch von schützenswerten Biotopen (z. B. Borstgrasrasen)

In der Regel stehen für die Anlage von Äsungsflächen keine landwirtschaftlichen Flächen mit guter Bodenqualität zur Verfügug. Der Jäger muss sich mit anderen Flächen zufriedengeben (schon Flächen ab 100 m^2 reichen aus).
Dies können z. B. sein:

- **Gas- und Stromleitungstrassen**
- **Feuerschutzstreifen**
- **Gliederungslinien im Wald**
- **Holzlagerplätze und Forstwegränder**
- **aufgelassene Kiesgruben** und **Forstpflanzgärten**
- **landwirtschaftliche Brachflächen**
  (die auch im Rahmen von verschiedenen Agrarumweltprogrammen als Wildlebensraum gestaltet werden können)

Eine Anlage von künstlichen Wildäsungsflächen ist nicht sinnvoll, wenn eine Fläche dem Wild bereits genügend Äsungsvielfalt bietet.

Grundsätzlich ist bei der Anlage von Wildäsungsflächen das Einverständnis des Grundstückseigentümers einzuholen. Nicht angelegt werden dürfen Wildäsungsflächen auf allen Flächen mit besonderem ökologischem Wert wie z. B. Magerrasen (Trockenstandorte) oder schutzwürdigen Feuchtgebieten, Wasserschutzgebieten (Schutzzonen mit Düngungsverbot) **sowie auf Flächen, die eine besondere Schutzfunktion für den Natur- oder Wasserhaushalt haben** (z. B. keine Umwandlung von schützenswerten Wiesengesellschaften).

Anlage von Wildwiesen, Dauergrünland-Äsungsflächen

Wildwiesen bieten unserem Wild zusätzliche Sommeräsung und dienen manchmal auch zur Heu- und Silagegewinnung für die Winterfütterung. Sie verbessern das Äsungsangebot durch viele wertvolle Kräuter. In Wildwiesen finden Wild und Vögel auch ihre Kinderstube und Brutplätze.

Bei der Neuanlage sollte man den Grasanteil möglichst gering halten, besser ist ein **hoher Kräuteranteil**. Insbesondere Rotklee enthält das für den Knochenaufbau der Wildtiere wichtige Vitamin D. Im Fachhandel erhält man zur Wildwiesenanlage entsprechende spezielle Kräutermischungen.

Für die Mahd von Wildwiesen gilt:
Gemäht wird mindestens 1 x jährlich, aber um Jungwild nicht zu gefährden möglichst erst ab Juli.

Viele Wildkräuterarten brauchen einen Boden mit **höherem pH-Wert**. Deshalb sollte man vor der Aussaat den Boden auf seinen Kalkgehalt prüfen und eventuell entsprechend nachkalken. Eine besonders vielseitige Flora wird z. B. durch **Kali und Phosphat** gefördert. Beide Mineralien lassen sich leicht im Frühjahr einbringen, z. B. in Form von Thomaskali.

Verzichten sollte man weitgehend auf Stickstoffdünger. Dieser beeinflusst die Schmackhaftigkeit der Äsungspflanzen meist negativ.

Bei einer streifenförmigen Anlage von Wildwiesen (z. B. entlang von Wegen, Dickungsrändern usw.) spricht man von sogenannten **Bummelstreifen**.

Wildäcker - Allgemeines

Unter einem Wildacker versteht man allgemein eine nach landwirtschaftlichen Methoden bebaute Fläche mit Pflanzen, die vom Wild bevorzugt geäst werden (in der Regel landwirtschaftliche Nutzpflanzen). Grundsätzlich gelten für Wildäcker andere Maßstäbe als für landwirtschaftliche Kulturen. Ein Wildacker darf auch einmal wie ein „wilder Acker“ aussehen.

Früher wurden Wildäcker in der Regel als Monokulturen angelegt. Heute verwendet man meist Mischungen aus verschiedenen landwirtschaftlichen Nutzpflanzen.

Neben der höheren Äsungsvielfalt pro Fläche ist es auch möglich, ein Gemisch über mehrere Jahre hinweg anzubauen, ohne dass der Boden ausgelaugt wird. Im Handel sind hierfür verschiedene Mischungen erhältlich. Eine andere Möglichkeit ist die Reinsaat der verschiedenen Pflanzen auf Teilflächen, die jährlich gewechselt werden.

Die Wahl der Wildackerpflanzen richtet sich nach den **Wildarten**, dem **Standort** (Boden, pH-Wert, Höhenlage, Sonneneinstrahlung, Feuchtigkeit usw.) und dem **Zeitraum, für den die Fläche eine zusätzliche Äsung bieten** soll. Ungeeignet für Mischungen sind z. B. Hackfrüchte (Ausnahme Stoppelrübe) und Mais.

Neben den eigentlichen Wildackerpflanzen finden sich auf den Flächen auch verschiedene Ackerwildkräuter ein, die eine zusätzliche Äsungsvielfalt bewirken.

Besser viele kleinere Äsungsflächen von 0,1 bis 0,5 ha als wenige große Flächen (> 0,5 ha).

Dauerwildäcker - Wildäcker für Schalenwild

Dauerwildäcker:
Bei bestimmten Kombinationen von verschiedenen Pflanzen ist es auch möglich, die Fläche erst nach zwei oder drei Jahren wieder neu zu bestellen.

Beispiel:
Die Mischung besteht aus Buchweizen, Hafer, Waldstaudenroggen, Raps, Markstammkohl und Klee. Der Sommerweizen liefert Sommeräsung. Dann reift der Hafer, er und die Kreuzblütler werden bis in den Winter hinein angenommen. Auch der Waldstaudenroggen und der Klee bieten schon Äsung. Im folgenden Frühjahr schosst dann der Waldstaudenroggen hoch und bildet Ähren aus. Im Schutz der Überfrucht konnte sich der Klee entwickeln und bietet ab dem Frühsommer Äsung. Im dritten Jahr ist dann nur noch Klee auf der Fläche vorhanden.

Eine andere Form von Dauerwildäckern ist z. B eine **Monokultur aus Topinambur**.

Solche Anlagen können auch ein Jahrzehnt oder länger ausdauern. Soweit nicht das Schwarzwild nach den Knollen bricht, ist es zweckmäßig, dass im Herbst die überirdischen Teile gehäckselt und der Boden aufgerissen werden, damit die Knollen an die Oberfläche kommen.

Wildäcker für Schalenwild:
Die optimale Anlage erfolgt im Wald oder am Waldrand, am besten direkt im oder in der Nähe des Einstandes in störungsfreier, sonniger Lage.

Nur in einigen Fällen wird es möglich sein, für eine Neuanlage forstbetrieblich genutzte Flächen zu bekommen.
Folgende Flächen bieten sich z. B. an:

- **Feuerschutzstreifen**
- **zurzeit nicht benötigte Holzlagerplätze**
- **Stromleitungstrassen**
- **zurzeit nicht benötigte Rückewege**

Damit das Wild die Äsungspflanzen nicht schon in der Aufwuchsphase abäst, kann es in manchen Fällen empfehlenswert sein, die Fläche vorübergehend mit einem Zaun zu schützen.

Fotos von oben:
Wildacker mit vorübergehender Zäunung
Wildackergemenge im Sommer
Topinambur
Wildacker im Winter

Wildäcker für Niederwild

Die Anlage von Wildäckern für Niederwild erfolgt meist **in der freien Feldflur oder am Waldrand**. In landwirtschaftlich intensiv genutzten Gebieten ist es oft schwer, entsprechende Flächen zu bekommen. Als Anlage eignen sich **unrentable Ackerflächen** oder **Flächen mit „nicht maschinengerechter" Ausformung**. Es gibt außerdem noch die Möglichkeit, für diese Zwecke den **Zwischenfruchtanbau der Landwirte zu nutzen**. Außerdem ermöglichen verschiedene Agrarumweltprogramme eine niederwildfreundliche Begrünung von Ackerflächen, teilweise auch in Form von Puffer- und Ackerrandstreifen. Da z. B. die Küken von Fasan und Rebhuhn auch Insektennahrung benötigen, sollte bei der Einsaat solcher Flächen vor allem an Blütenpflanzen wie z. B. Sommerraps, Senf, Buchweizen, Malve, Phazelia gedacht werden, auch wenn sie vom Flugwild nicht geäst werden.

Neben einem Einsatz von verschiedenen landwirtschaftlichen Nutzpflanzen, die allerdings nur ein bis zwei Jahre gedeihen, setzt sich der Anbau von speziellen Wildpflanzenmischungen mehr und mehr durch. Diese Mischungen sind in aller Regel mehrjährig und beherbergen eine artenreiche Insektenfauna.

Im freien Feld sollten Wildäcker für das Niederwild auch entsprechende Deckung bieten. Als Deckung für Fasane eignet sich neben den verschiedenen Wildpflanzenmischungen vor allem Senf. Es ist auch möglich, einen Maisacker ganz oder nur als Streifen über den Winter zum Abäsen und als Deckung stehen zu lassen. Viele Begleitkräuter unserer Kulturpflanzen (Ackerwildkräuter) dienen dem Niederwild als Heilkräuter und sind somit lebenswichtig. Deshalb soll auf Wildäsungsflächen keine Unkraut- oder Schädlingsbekämpfung mit chemischen Mitteln erfolgen.

Übersicht über die beim Wild beliebtesten Wildackerpflanzen

Die nachstehende Aufstellung soll nur einen Überblick geben und erhebt keinen Anspruch auf Vollständigkeit. Die Beäsungsintensität bei den einzelnen Pflanzen ist oft von Revier zu Revier sehr verschieden. Im Winter nach längeren Frostperioden sind es vor allem die Kreuzblütler wie z. B. Winterraps, Markstammkohl, Furchenkohl die dem Wild noch saftige Grünäsung bieten.

Wildart	Bevorzugte Äsungspflanzen
Rotwild	Wildwiesen mit Klee und Untergräsern
Damwild, Muffelwild	Raps, Markstammkohl, Süßlupine, Erbsen, Wicken, Hafer, Kartoffeln, Futter- und Zuckerrüben, Topinambur, Kulturmalve
Rehwild	klee- und kräuterreiche Wildwiesen, Blattstamm- und Markstammkohl, Süßlupine, Raps, Erbsen, Wicken, Zuckerrüben, Topinambur, Kulturmalve
Schwarzwild	Mais, Kartoffeln, Hafer (Milchreife), Weizen, Topinambur, Rotklee
Hase, Kaninchen	Winterroggensaat, klee-und krautreiche Wildwiesen mit z. B. Wilder Möhre, Spitzwegerich, Markstammkohl, Raps, Zuckerrüben
Fasan	Mais, Weizen, Buchweizen, Kohlarten
Rebhuhn	Wintersaaten (Roggen, Weizen, Gerste), Buchweizen, Rotklee, Luzerne, Hirse, verschiedene Ackerwildkräuter, Kohlarten

Ökologischer Wildackerbau

In letzter Zeit spricht man auch vom **„Ökologischen Wildackerbau“.**

Grundlagen des ökologischen Wildackerbaues sind z. B.
- **Verzicht auf tiefe Bodenwendung,**
- **schichtweise Tiefenlockerung zur besseren Bodenbelüftung,**
- **Vermischung der Humusschicht mit der vorhandenen Pflanzen- und Wurzelmasse,**
- **bodenschonende Bearbeitung,**
- **Düngung durch Einarbeitung von Mineralstoffen** (z. B. Kalimagnesia, Magnesiumkalk, Hyperphosphat),
- **Verzicht auf Düngersalze (diese schädigen das Bodenleben).**

Düngung von Wildäsungsflächen

Bei Wildäsungsflächen gilt immer:
„Dünge so wenig wie möglich - so viel wie nötig!“ Bei der organischen Düngung auf leichten Böden reicht meist eine **häufige Gründüngung**. Ideale Pflanzen sind hierfür alle Schmetterlingsblütler. Als Ersatz eignen sich Raps und Senf. Auf schweren Böden erfolgt abwechselnd die **Stallmistdüngung (wirtschaftseigene Düngung)** und die **Gründüngung**. **Nur bei einer ausreichenden Versorgung des Bodens mit Kalk werden die anderen Pflanzennährstoffe erst wirksam.**

Faustregel bei Neuanlagen auf kalkarmen Böden:
ca. 20 dt Düngekalk / ha Fläche
Das entspricht auf 100 m^2 ca. 20 kg Düngekalk. Eine Wiederholungsdüngung wird in der Regel erst nach ca. 4 - 5 Jahren notwendig.

Übersicht über gebräuchliche Düngemittel und ihre Wirkung

Dünger (Düngemittel):	**chem. Zeichen**	**Wirkungsweise:**
Kalk in Form von Calzium	Ca	bodenverbessernd
Stickstoff in Form von Salpeter	N (NO_3)	gibt große Futtermengen, jedoch späte Annahme durch das Wild
Phosphor in Form von Phosphaten	P (P_2O_5)	sorgt für eine positive Beeinflussung aller Kleinlebewesen im Boden, durch Wild gute Äsungsannahme
Kalium in Form von Kalisalz	K	meist unentbehrlich beim Anbau von Rüben und Klee
Volldünger in Form von Nitrophoska u. a.	enthält Stickstoff, Phosphor, Kali und manchmal auch Magnesium in unterschiedlichen Anteilen	nach richtiger Grunddüngung mit Kalk die einfachste Art der Volldüngung

Die Faustregel bei Volldüngung lautet:
ca. 5 - 8 dz Volldünger / ha Fläche
Das entspricht auf 100 m^2 ca. 5 - 8 kg Volldünger.

Verbissgehölze (Prossholzflächen) - Allgemeines

Die Teile von Holzpflanzen sind für viele Wildarten Bestandteil ihrer natürlichen Äsung. Holzige Äsung wird im jagdlichen Sprachgebrauch auch als zähe Äsung bezeichnet. Sie enthält für das Wild unentbehrliche Spurenelemente. Insbesondere für Schalenwild, aber auch für Hase und Kaninchen sind Holzpflanzen im Winter eine wichtige Äsung.

Beäst (verbissen) werden **Knospen, junge Triebe, Blätter, Rinde** und **Früchte**. Bei Raufußhühnern besteht die Winteräsung fast nur aus **Knospen, Trieben** und **Nadeln**.

starke Hasenschälung an Salweidenaustrieb nach Heckenpflege

Rehwildverbiss an Stockausschlägen einer Salweide

Salweidenzweig

Verbissmöglichkeiten bieten z. B. **Feldgehölze** und **Remisen, Hecken, Waldränder,** aber auch **Forstkulturen** und **Sonderkulturen** (z. B. Obstbau, Weinbau).

Besonders in Waldrevieren kommt es bei einem Mangel an anderweitigen Verbissmöglichkeiten zu **Verbissschäden** und **Schälschäden**.

Zur Verbesserung des Äsungsangebotes und um die gefährdeten Kulturen zu entlasten, empfiehlt sich daher die Anlage von **Verbissgärten** oder **Prossholzflächen**.

Für die Anlage eignen sich alle **schnell wachsenden Gehölze**, die vom Wild **gerne verbissen** werden und die beim späteren „auf den Stock setzen" wieder **stark austreiben**.

Einen Ersatz für Prossholzflächen bietet auch das Einbringen von Bäumen und Sträuchern mit starkem Ausschlagvermögen in Forstkulturen, vor allem an Wegrändern.

Hierfür eignen sich z. B. ...
- Robinie, Eberesche,
- Hain-(Weiß-)buche,
- Linde,
- Sal- und andere Weidenarten,
- Roter Holunder und Schwarzer Holunder,
- Aspe, Feldahorn und Hasel.

Hasenäsung und Nistplatz: eine in ca. 50 cm Höhe geköpfte Salweide bietet alles.

Anlage von Verbissgehölzen

Bei der Anlage von Verbissflächen sind bei den einzelnen Wildarten nachfolgende Besonderheiten zu beachten. Für das Rotwild sollte die Verbissfläche neben jungen Trieben und Blättern auch schälfähige Rinde bieten. Dazu eignen sich besonders die verschiedenen Weidenarten. Aufgrund ihrer Wuchsgeschwindigkeit liefern sie für das Rotwild „den höchsten Ertrag". Gerne verbeißt das Rotwild z. B. auch Roten Holunder (Hirschholunder), Aspe und Eberesche.

Bei der Neuanlage von Verbissflächen, insbesondere für Rotwild, sollte bei Bedarf in der Anwuchsphase zum Schutz vor vorzeitigen Verbiss eine Umzäunung errichtet werden.

Rehwild bevorzugt (von Revier zu Revier verschieden) abwechslungsreiche Verbissmöglichkeiten, z. B. Vogelbeere, Himbeere, Brombeere, die Ahornarten, Hartriegel, verschiedene Weidenarten, Weißdorn, Pfaffenhütchen.

Hase und Kaninchen verbeißen und schälen z. B. gerne Hainbuche, Besenginster, die Wildobstarten, insbesondere Wildapfel.

A

Weiden auf den Stock gesetzt

B

Die Qualität der Verbissflächen lässt sich durch das Einbringen (Düngen) von Kalimagnesia (2 - 4 dz / ha) und Phosphatdünger (3 - 4 dz / ha) steigern.

Pflegerische Maßnahmen werden nach ca. 3 - 5 Jahren notwendig, d. h. sobald die Pflanzen dem Äser des Wildes entwachsen sind.

Rückschnitte erfolgen in den Monaten **Februar / März**. Geschnittenes Astmaterial bleibt hierbei als **Prossholz** liegen.

Rückschnittmöglichkeiten:

Bäume und Sträucher, die gut Stockausschläge treiben, werden in Abständen mehrerer Jahre **auf den Stock gesetzt (A)**.

Bäume und Sträucher werden nur teilweise durchgehauen und unter Belassung eines schmalen Kambiumbandes **mit der Krone umgedrückt (B)**.

Vorteil:

Die umgebogene Krone kann weiter grünen, zusätzlich entstehen Stockausschläge.

Als Kopfweide zurückgeschnitten entstehen jedes Jahr unzählige Verbisstriebe.

Wasser - Lebensgrundlage für das Wild

Wasser ist die Lebensgrundlage von Tieren und Pflanzen. Wo durch die Landschaftseingriffe ausreichend Wasser fehlt, muss der Mensch nachhelfen. Ursache für fehlendes Wasser ist in vielen Revieren der allgemein gesunkene Grundwasserspiegel.

Die Gründe hierfür sind z. B. die Begradigung natürlicher Wasserläufe, Kanalisierungen, Trockenlegungen von Feuchtgebieten, vermehrte Trinkwassergewinnung aus Grundwasser und die Grundwasserabsenkungen in Tagebaugebieten.

In Trockenperioden wird selbst der kleinste Tümpel zum Anziehungspunkt für viele Tiere.

So gilt es heute mehr denn je noch bestehende Feuchtgebiete, Tümpel und naturnahe Bäche zu erhalten. Außerdem sind vielerorts Bestrebungen im Gange, begradigte Bäche wieder zu renaturieren oder entwässerte Moore und Feuchtgebiete durch Rückstaueinrichtungen wieder zu vernässen. Neue Wasserflächen entstehen auch in ehemaligen Sand- und Kiesgruben sowie in alten Steinbrüchen. Teilweise werden diese Flächen renaturiert oder der natürlichen Sukzession (Besiedelung durch Pionierarten) überlassen.

Neuanlage von Wasserflächen

Weiher mit ausgeprägten Schilf-Rohrgürteln

künstlich angelegter naturnaher Teich

Bei der Neuanlage von Wasserflächen ist besonders darauf zu achten, dass bei der Auswahl des Geländes keine Naturschutzbelange tangiert werden. Außerdem ist bei der Neuanlage von Wasserflächen ab 200 m² ein wasserrechtliches Verfahren notwendig. Dies ist vor allem bei der Anlage sogenannter Entenbrutteiche zu beachten, z. B. bei Aufstau von feuchten Wiesentälern oder bei Erdbewegungen in Mooren zur Schaffung von Wasserflächen. Für Jäger kommt daher in erster Linie die Anlage von Kleingewässern (z. B. Tümpel, Tränken und Suhlen) in Frage.

Kleingewässer:
Inwieweit ein künstlich angelegtes Gewässer z. B. vom Wasserwild angenommen wird, hängt in erster Linie von der Ufergestaltung und -bepflanzung ab.

Die Ufer sollen möglichst buchtenreich sein und eine gute Sichtdeckung aufweisen. Besonders wichtig sind auch Flachwasserzonen. Neben Bäumen und Sträuchern (z. B. Weiden, verschiedene Dornbüsche) können im Uferbereich z. B. Rohrkolbenschösslinge gepflanzt werden. Bei größeren Projekten sollten Inseln eingeplant werden. Zusammen mit Schilf- und Rohrzonen bieten sie für viele Vogelarten Deckung und Brutplatz. Außerdem sind sie Lebensraum für Amphibien und Insekten. Da die verschiedenen Vogelarten für ihr Brutgeschäft Ruhe brauchen, sollte das Gewässer nicht mit einem Steig oder Trampelpfad umgeben sein. Dies kann durch eine entsprechende Bepflanzung, Reisigwälle, Wassergräben usw. verhindert werden. Zusätzliche Brutmöglichkeiten für Enten können z. B. durch Rückschnitt von Bäumen und Sträuchern, Anlage von Reisighaufen, Verminderung der Mahd auf angrenzenden Flächen, geschaffen werden.

Tränken, die künstliche Anlage eines „Himmelsteiches“

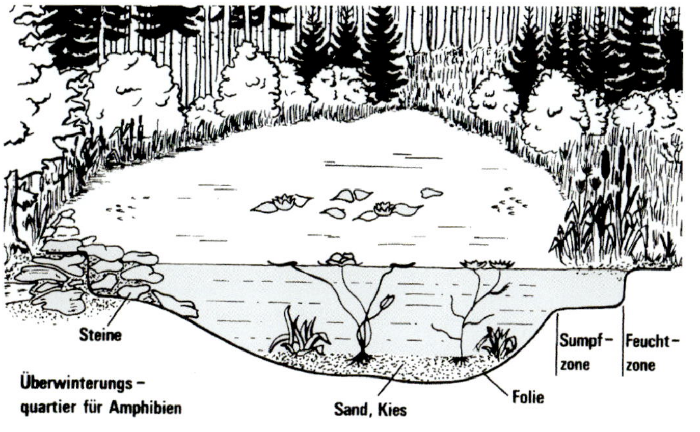

Als Tränken bezeichnet man größere oder kleinere Wasserstellen, die das Wild (Tiere) zum Schöpfen (Trinken) aufsucht.

Im Bedarfsfall lassen sich solche Tränken als sogenannte „Himmelsteiche“ (künstliche Teiche) einfach und kostengünstig einrichten. Besonders geeignet sind hierfür z. B. Geländemulden am Fuß von Hanglagen, möglichst unter Bäumen (Schatten). Die Grafik zeigt den schematischen Querschnitt eines mittels PVC-Folie angelegten „Himmelsteiches“.

Die künstliche Anlage eines „Himmelsteiches“:

1 Eine geeignete Bodenmulde wird von Laub, Steinen und Ästen geräumt und gesäubert und soweit notwendig durch Ausgraben vertieft.
Bei großflächigeren Anlagen empfiehlt sich der Baggereinsatz.

2 Anschließend wird die Bodenfläche z. B. mit Lehm abgedichtet. Gut eignet sich auch Plastikfolie, z. B. für Gartenteiche. Hierbei werden die oberen Folienränder eingegraben und gesichert.
Bei Schalenwildvorkommen empfiehlt sich das zusätzliche Einbringen einer Lehm- oder Betonschicht zum Schutz vor den spitzen Schalen der Tiere. Eine ca. 20 cm dicke Kiesschicht dient als Frostschutz.

3 Zum Auffüllen der fertigen Tränke dient Schmelz- und Regenwasser oder ein Wasserzufluss durch einen Graben.

4 Nach einiger Zeit findet sich am Uferbereich eine natürliche Vegetation ein und es entsteht ein naturnaher Tümpel.

Suhlen

natürliche Suhle im Wald

Suhle mit Malbaum

Schwarzwild suhlend

Unter Suhlen versteht man mit Schlamm gefüllte Bodenvertiefungen, die dem Wild zur Körperpflege dienen.

Suhlen werden insbesondere aufgesucht von Rotwild, Schwarzwild und Sikawild.

Rotwild z. B. suhlt besonders häufig während der Brunft. Durch das Schlammbad verschafft sich das Wild im Sommer Abkühlung. Außerdem dient der angetrocknete Schlamm zum Schutz vor Parasiten. Er wird später wieder abgeschüttelt oder an sogenannte Malbäumen abgescheuert (z. B. vom Schwarzwild). Bevorzugt angenommen werden Suhlen in Nähe der Einstände und Brunftplätze.

In wasserreichen Revieren sind meist ausreichend natürliche Suhlen vorhanden.

Falls die künstliche Anlage von Suhlen notwendig ist, eignen sich hierfür insbesondere tiefgelegene, quellige Stellen möglichst im Baumschatten. In der Regel reicht zur Anlage der Aushub einer flachen Bodenmulde in der Größe von ca. 2 x 2 m. Sorgfältig sind jedoch alle Steine und Äste zu entfernen, an denen sich das Wild beim Suhlen verletzen könnte. Als Boden (Untergrund) dient bei Bedarf eine Schicht aus gestampftem Lehm.

Aufgefüllt wird die vorbereitete Suhle mit einer Mischung aus Wasser und Moorerde oder einer Mischung aus Wasser und Waldhumus.

Nicht angenommen werden Suhlen mit blankem Wasser oder ausgetrocknete Suhlen.

Für einen geregelten Wasserstand sorgt deshalb ein sinnvolles Grabensystem.

Rotwild suhlend

Salzlecken - Allgemeines

Wie alle Lebewesen benötigt auch unser Wild zum Leben bestimmte Spurenelemente. Normalerweise wird der Bedarf über die Äsung gedeckt. Besonders im Frühjahr hat das Wild bedingt durch Stoffwechselveränderungen beim Haarwechsel jedoch ein erhöhtes Salzbedürfnis. Den zusätzlichen Bedarf deckt der Jäger durch Darreichung von Kochsalz (Natriumchlorid) mit Hilfe verschiedener **Salzlecken** oder **Sulzen**.

Kochsalz hat für das Wild einen angenehmen Geschmack und fördert die Äsungslust und den Stoffwechsel. Zu viel Salz führt zu verstärktem Wasserbedarf und verursacht in der Folge erhöhte Verbiss- und Schälschäden durch das Wild. Deshalb soll man in den Wintermonaten wenig oder kein Salz anbieten.

Achtung - Auftausalz ist giftig und darf nicht verwendet werden.

Dargeboten wird das Salz (Viehsalz) in Form unterschiedlicher, im Handel erhältlicher **Naturbruch-Salzlecksteine** oder künstlicher **Salzpresssteine**. Die Salzlecken werden hauptsächlich von **Schalenwild,** aber auch von **Hasen, Kaninchen** und **Tauben** aufgesucht.

Die Einrichtung der Salzlecken oder Sulzen erfolgt in der Nähe der ...

- **Einstände**
- **Hauptwechsel**
- **Fütterungen**
- **Äsungsplätze**

Die Darbietung der Salzlecksteine erfolgt z. B. auf **Stocksulzen (Baumstubbensulzen) (1)** oder auf **Stammsulzen (2)** bzw. in vom Handel angebotenen **Lecksteinhalterungen**.

1 Als Stock- oder Baumstubben-Salzlecke dient ein gut erhaltener Baumstumpf. Eine zusätzlich herausgearbeitete Mulde oder aufgenagelte Rundhölzer verhindern ein Abrutschen des Salzes.
Nachteile der Stocksulzen:
Schwarzwild kann die Lecksteine verschleppen, oft Verschmutzung, z. B. durch Losung von Raubwild.

2 Bei den Stammsulzen dient als Salzstock ein gut erhaltener, entrindeter stärkerer Stamm von ca. 1,5 - 2 m Höhe. Die Salzreichung erfolgt indirekt durch die Regenauswaschung am Stamm (Lecken am Holz).

A Starke Stämme werden oben ausgehöhlt, seitliche Schlitze sorgen für den Salzwasseraustritt.

B Mitteldicke Stämme lassen sich aufspalten und das Salz einklemmen, Keile verhindern ein Zuschnappen.

C Bei dünneren Stämmen halten aufgenagelte Leisten den Salzstein.

einfache Stocksulze (oben)
Stocksulze mit aufgenagelten Rundhölzern (mitte)
verschiedene Stangensulzen mit unterschiedlicher Befestigung des Salzsteines (unten)

Lecksteinhalterungen, Lehmsulzen

Im Handel werden auch verschiedene Lecksteinhalterungen angeboten, mit denen sich die Salzlecksteine an Baumstämmen befestigen lassen. **Keine Anbringung an gesunden Bäumen!** Das Salz wird vom Regen ausgewaschen und verursacht an gesunden Bäumen Salzschäden.

Lehmsulzen bestehen aus einer Mischung von Kochsalz und steinfreiem Lehm im Verhältnis 1 : 1 unter Zugabe von Wasser. Zusätzliche Spurenelemente lassen sich durch Beigabe von im Handel erhältlichen Mineralmischungen einbringen. Die Darreichung der Lehmsulzen erfolgt z. B. in einfachen Holztrögen und auf Stocksulzen. Lehmsulzen werden gerne von Tauben angenommen.

Fragen zur Wiederholung

Die Fragen zur Wiederholung sind angelehnt an die Fragestellung der mündlichen Prüfung, in welcher oft übergeordnete Zusammenhänge abgefragt werden. Die Lösungen finden Sie in den voranstehenden Kapiteln 11 bis 14.

Was ist bei der Anlage von Wildäsungsflächen zu beachten?

Wie unterscheidet sich ein Wildacker von einem Acker zur landwirtschaftlichen Produktion von Nutzpflanzen?

Welche landwirtschaftlichen Kulturpflanzen eignen sich besonders zur Aussaat auf einem Wildacker ...
a) für Rotwild? b) für Rehwild? c) für Schwarzwild?

Wie sollten Wildäcker für das Niederwild (außer Rehwild) angelegt sein?

Nennen Sie die gebräuchlichen künstlichen Düngemittel und ihre Wirkung auf das Pflanzenwachstum.

Was ist bei der künstlichen Anlage von Wasserflächen zu beachten?

Welche Arten von Salzlecken gibt es und was ist bei der Darreichung von Salz zu beachten?

Fütterung in Notzeiten

Gemäß § 23 BJagdG zählt zum Jagdschutz auch die Verpflichtung, in Notzeiten das Wild zu füttern. Bezüglich der Definition des Begriffes „Notzeit" gibt es je nach Bundesland unterschiedliche Regelungen. Einige Bundesländer haben hierfür genaue Zeiträume oder die ausschließliche Verwendung bestimmter Futtermittel festgelegt.

Grundsätzlich gilt es zu bedenken, dass sich unser Wild an die äsungsarme Zeit anpasst. Es reagiert darauf z. B. durch Einschränkung der Aktivität, Herabsetzung des Stoffwechsels (Intensivitätssenkung) und Heranziehung von den im Herbst angelegten Fettreserven zur Energieversorgung.

Keine Winterfütterung benötigt z. B. das Gams- und Steinwild sowie die Raufußhühner, obwohl diese Arten unter extremen Bedingungen überwintern. Wann eine Winterfütterung notwendig ist, hängt jeweils von den örtlichen Revierverhältnissen und der Wildart ab. Notzeiten können aber auch z. B. bei Überschwemmungen, Großbränden etc. auftreten.

Eine Winterfütterung sollte keinesfalls dazu dienen, einen überhöhten Wildbestand zu halten oder um z. B. beim Rehwild durch überhöhte Kraftfuttergaben stärkere Trophäen zu erzielen. In diesem Fall ist eine entsprechende **Bestandsreduzierung vorrangig**. Außerdem soll versucht werden, eine Verbesserung des natürlichen Äsungsangebotes - insbesondere für die Herbst- und Wintermonate - herbeizuführen.

Hierzu zählen vor allem die **Anlage von Wildäsungsflächen** (Wildwiesen und Wildäckern) und die **Schaffung von Verbissmöglichkeiten**. In Feldrevieren können in Absprache mit den Landwirten auch **Untersaaten** oder der **Zwischenfruchtanbau** sinnvoll sein. Bei hoher Schneelage kann z. B. dem Wild auch durch **Freimachen der Bodendecke (Schneepflug)** geholfen werden.

Futterarten

Bei den Futtermitteln für die Wildfütterung unterscheidet man zwischen Kraftfutter, Saftfutter und Raufutter.

Futterart:	Bestandteile und Merkmale:	hierzu zählen:
Kraftfutter	enthält Nährstoffe und Spurenelemente in konzentrierter Form, für Wildwiederkäuer sollten Kraftfuttergaben - soweit diese überhaupt gereicht werden - nicht geschrotet werden, damit der Anreiz zum Wiederkäuen erreicht wird	**Getreidearten wie z. B. Hafer, Gerste, Mais, aber auch Eicheln, Bucheckern, Kastanien, getrocknete Zuckerrübenschnitzel**
Saftfutter	enthält neben vielen Nährstoffen auch Wasser, welches insbesondere beim Wiederkäuen wichtig ist	**Hackfrüchte wie z. B. Rübenarten, Kartoffeln, Topinambur sowie Äpfel und verschiedene Arten von Silage (z. B. Apfeltrester, Maissilage, Kleegrassilage)**
Raufutter	liefert für Wiederkäuer den notwendigen Rohfasergehalt der Äsung, dadurch wird das Wiederkäuen und die Verdauung angeregt	**Kleeheu (auch Luzerne), bestes Wiesenheu (Schnitt vor der Blüte) und Grummet, Laubheu, getrocknete Topinamburblätter**

Lagerung von Wildfutter

Die zur Winterfütterung bestimmten Futtermittel müssen meist für einen längeren Zeitraum eingelagert werden. Hierbei besteht die Gefahr, dass sie z. B. durch Schimmel, Erfrieren, Fäulnis oder Mäusefraß verderben. **Verdorbenes Futter wird allgemein vom Wild nicht angenommen!** Bei Kraftfutter ist darauf zu achten, dass sich nur trockenes Erntegut in Plastikfässern aufbewahren lässt. Ferner sollen alle verwendeten Behältnisse mäusesicher sein. Saftfutter in Form von Hackfrüchten wird meist in Erdmieten oder in einfachen Rübenkellern (aus Rundhölzern) frostfrei eingelagert. Beim Raufutter ist darauf zu achten, dass der Lagerraum nicht feucht ist. Das Erntegut soll gut getrocknet sein, ansonsten wird es durch Schimmel untauglich.

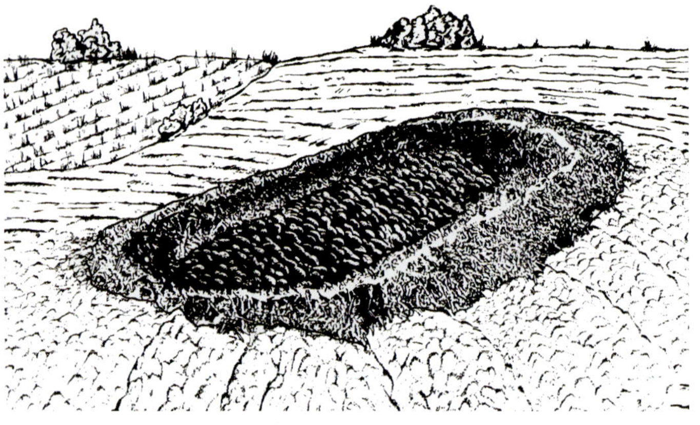

Mieten sind eben- oder untererdig gut abgedeckte Aufschüttungen von Futtermitteln (Hackfrüchte).

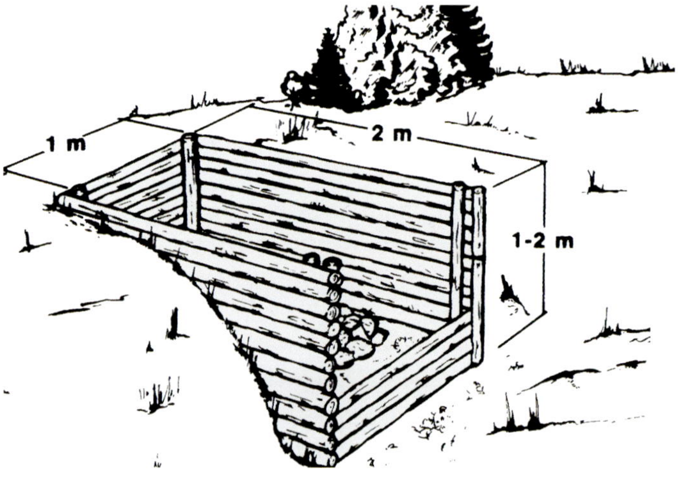

Rübenkeller sind meist kellerartige Gruben.

Silage und Silos

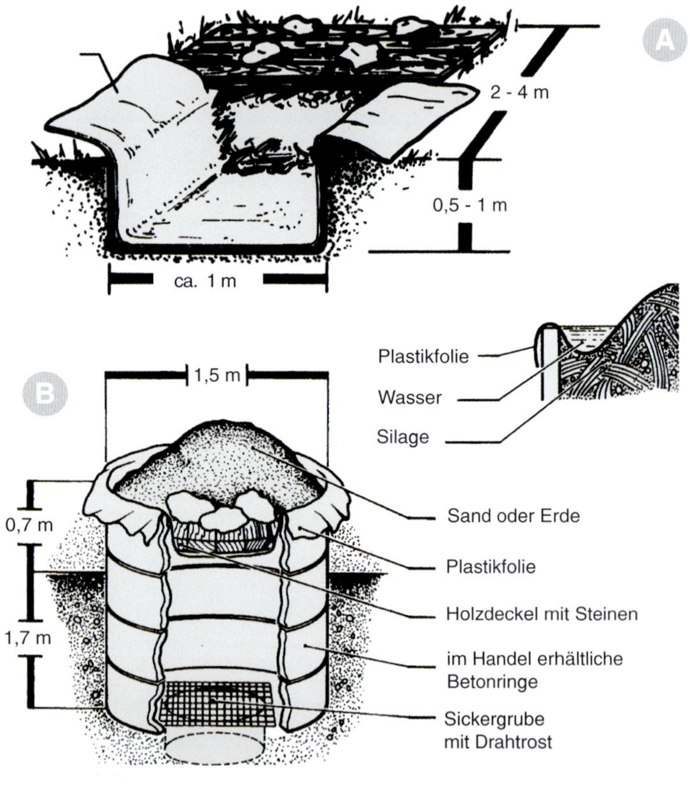

Silage ist ein wertvolles Saftfutter und entsteht aus Grünfutter unter Ausschluss von Sauerstoff durch Milchsäuregärung.

Im Vergleich zur grünen Pflanze treten beim Silieren kaum Nährstoffverluste auf. Gute Silage riecht angenehm süßlich. Schlechte Silage riecht dagegen unangenehm sauer bis faulig. Sie wird weder vom Vieh noch vom Wild angenommen.

Die Gärfutterbehälter bezeichnet man als **Silos**. Allgemein gebräuchlich sind **gut verschließbare Plastikfässer**.

Für größere Siliermengen eignen sich sogenannte **Erdsilos (A)** in Form von Silogruben. Besser geeignet sind aber stationäre **Betonsilos aus Betonringen (B)**. Für das Silieren von kleineren Mengen, speziell von Apfeltrester, genügen meist schon **feste Plastiksäcke** und eine mäusesichere Aufbewahrung.

Silieren

silierte Apfeltrester in Plastiksäcken

Die Qualität der Silage hängt von der Sorgfalt beim Silieren ab.

Voraussetzungen für eine gute Silage sind:

- Grüngut mit hohem Wasseranteil soll vorher anwelken.
- Größere Pflanzen und Blätter werden zerkleinert.
- Das Füllen des Silos soll in einem Arbeitsgang erfolgen.
- Das Siliergut muss gut festgedrückt (eingestampft) werden.
- Die Milchsäuregärung kann durch Zugabe verschiedener Siliermittel gefördert werden.
- Als Silierzusatz eignen sich auch Futterzucker und Melasse (Zuckerrübenschnitzel).
- Nach dem Füllen ist ein guter Luftabschluss sehr wichtig. Die Gärzeit beträgt in der Regel etwa 6 Wochen.

Siliermaterial für Waldsilage im unzerkleinerten Zustand

Siliermaterial für Waldsilage nach dem Häckseln

Für Winterfütterung eignen sich z. B.:	Besonderheiten und Zusammensetzung:
kräuterreiche Kleegrasgemenge	Schnitt vor der Blüte
Apfeltrester	Es handelt sich hierbei um Pressrückstände aus der Apfelsaftherstellung, die sich relativ leicht silieren lassen. Dem Apfeltrester können z. B. auch **Eicheln, Kastanien, Vogelbeeren sowie Getreide** beigemischt werden.
Maissilage	gehäckselter Silomais
Mischsilagen	Mischsilagen z. B. aus Apfeltrester, geschnitzelten Karotten, gehäkseltem Silomais, Klee - angereichert mit einem Mineralstoffgemisch - haben sich gut bewährt
Waldsilage	Auf die Bedürfnisse des Wildes ist am besten die sogenannte Waldsilage abgestellt. Hierfür verwendet man je nach Jahreszeit neben den bereits genannten Futtermitteln die **Blätter von Himbeere, Brombeere, Vogelbeere, Weiden und Weidenröschen.** Weiter eignen sich die **Maitriebe von Eichen, Buchen, Hainbuchen und Fichten.** Es wird fast alles im Gemenge siliert, was das Wild im Wald und Feld findet und bevorzugt äst. Die Bereitstellung großer Mengen von Siliergut ist aber sehr aufwendig.

Fütterungsplatz - Allgemeines

Weite Wege zur Fütterung bedeuten für das Wild im Winter zusätzlichen Energieverbrauch. Deshalb erfolgt die Einrichtung von Fütterungen weitgehend in der Nähe der Einstände. Es sollte ausreichende Deckung vorhanden sein. Der Futterplatz soll möglichst windgeschützt und sonnenseitig (Südhanglage) und zur Vermeidung von Wildschäden nicht in schäl- und verbissgefährdeten Waldteilen liegen.

Besonders wichtig ist für das Wild die Ruhe. Deshalb dürfen keine Fütterungen in der Nähe von Straßen, Bahnlinien, Wanderwegen, Skiabfahrten, Liftanlagen, Loipen angelegt werden. Fütterungen sollten für den Jäger zum Beschicken leicht erreichbar sein (möglichst mit Kfz). Dies ist z. B. bei hoher Schneelage meist schwierig. Deshalb erfolgt die Lagerung der Futtermittel zweckmäßig in unmittelbarer Nähe der Fütterung. Beim Bau eventueller Vorratshütten sind die baurechtlichen Bestimmungen zu beachten.

Bei starker Wildkonzentration wächst auch die Gefahr der Verbreitung von Krankheiten. Deshalb müssen die Fütterungen von Zeit zu Zeit von Losung und alten Futterresten gesäubert werden. Dies gilt insbesondere nach Abschluss der Fütterungsperiode. Zum Abtöten eventueller Krankheitserreger dient eine zusätzliche Kalkung.

Fütterung des Rehwildes

Rehwildfütterung mit Futterraufe

Rehwildfütterung mit Umzäunung zum Fernhalten des Rot- und stärkeren Schwarzwildes

Rehwild gilt als relativ genügsam und anpassungsfähig. In den meisten Revieren ist deshalb eine Fütterung nicht erforderlich. Falls doch, soll sich die Futterzusammenstellung auf **Erhaltungsfutter**, bestehend aus **Raufutter** und **Saftfutter** beschränken.

Als Raufutter nimmt Rehwild nur bestes, kräuterreiches Wiesenheu oder Grummet, das nicht dem Regen ausgesetzt war und vor der Blüte geschnitten wurde. Weiter eignen sich Klee- und Luzerneheu, getrocknete Himbeer- oder Topinamburblätter.

Das Heu kann um den Stammfuß einer dicht beasteten Fichte angehäuft werden und wird so vom Rehwild oft lieber aufgenommen, als aus einer Futterraufe.

Als Saftfutter steht eine gute Waldsilage an erster Stelle. Wenn Apfeltrester gefüttert wird, sollte wegen des fehlenden Eiweißgehaltes auch eine entsprechende Menge Kraftfutter (z. B. Getreide) beigemischt werden.

Auch Hackfrüchte werden von Rehwild angenommen.

Als Futterplätze eignen sich Altholzbestände mit freier Sicht in der Nähe der Einstände.

Da Rehwild auch im Winter wenig gesellig lebt, rechnet man mit ca. einer Fütterung / 50 ha Waldfläche.

Im Hochwinter (Januar) ist der Nahrungsbedarf des Rehwildes am geringsten.

Fütterung des Rotwildes (Damwildes, Sikawildes, Muffelwildes)

Früher zog das Rotwild zu Beginn des Winters aus den Mittelgebirgen und dem Hochgebirge zum Überwintern in tiefere Lagen. Diese Wandertraditionen sind heute aufgrund der menschlichen Besiedelung erloschen. Das Rotwild bedarf deshalb in diesen Gebieten einer Winterfütterung. Da das Rotwild in größeren Rudeln lebt, kommt es oft an den Fütterungen zu Wildmassierungen. Die Fütterungsanlage muss deshalb weiträumig gestaltet sein. Geeignet sind windgeschützte, sonnige Altholzbestände oder Freiflächen mit guter Rundumsicht in der Nähe der Einstände. Damit das Wild nicht erst tief in der Dunkelheit zur Fütterung zieht, soll der Fütterungsbereich auf jeden Fall **frei von menschlichen Störungen** sein. Nicht nur im Hochgebirge hat man auch Fütterungen mitsamt der Umgebung, d. h. der Einstände, in einer Größenordnung von 30 - 70 ha eingezäunt. Man spricht vom **Wintergatter**. Das Rotwild wird hier zu Beginn des Winters in das Gatter gelockt, dann werden die Tore geschlossen. Restliches Wild kann über sogenannte Einsprünge ins Gatter, aber nicht mehr herauswechseln. Im Wintergatter verbleibt das Rotwild dann bis zum Beginn der Vegetationsperiode. Diese Art der Fütterung entspricht zwar nicht der natürlichen Lebensweise des Rotwildes, ist aber oft die einzige Möglichkeit, einen Rotwildbestand in bestimmten Bereichen (z. B. Bergwald) zu halten.

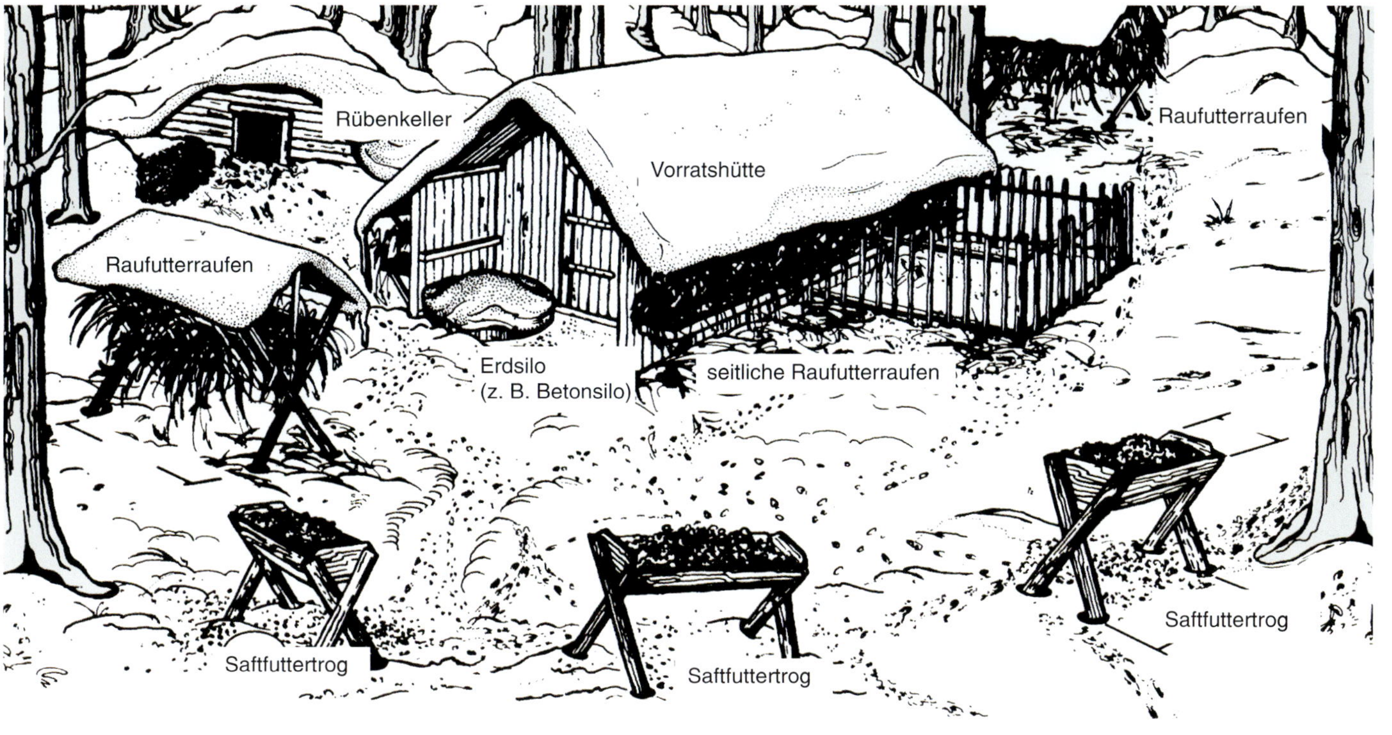

Gereicht wird dem Rotwild nur Erhaltungsfutter. Hohe Kraftfuttergaben führen nachweislich zu Schälschäden. Neben gutem Heu oder Grummet erhält Rotwild vor allem Saftfutter in Form von Kleegrassilage, Maissilage, Gehaltsrüben und Apfeltrester (siliert). Werden während des Winters Stangenhölzer durchforstet, erhält das Rotwild Schälmöglichkeiten am liegenden Holz und kann die Zweige als Prossholz nutzen.

Fütterung von Dam-, Sika- und Muffelwild:
Falls bei diesen Arten unter besonderen Revierverhältnissen eine Fütterung erforderlich sein sollte, gelten dieselben Grundsätze wie bei der Rotwildfütterung. Pro Tag rechnet man einen ungefähren Saftfutterbedarf von 5 kg pro Stück Rotwild, 3 kg pro Stück Damwild und 0,5 bis 1,5 kg pro Stück Rehwild.

Fütterung von Gams- und Steinwild:
Eine Fütterung des Gams- und Steinwildes ist in der Regel nicht notwendig, da diese Wildarten auch mit extremen Bedingungen in ihrem Lebensraum fertig werden. **Wichtig ist allerdings, dass ihre Winterlebensräume frei von menschlichen Störungen (Skibetrieb!) bleiben.**

Fütterung des Schwarzwildes

Die Fütterung des Schwarzwildes nimmt eine Sonderstellung ein, da dies die einzige Wildart ist, die unter bestimmten Voraussetzungen fast ganzjährig, d. h. auch außerhalb von Notzeiten gefüttert wird. Die einschlägigen Bestimmungen der Landesjagdgesetze sind dabei zu beachten.

Außer in Notzeiten dient die Schwarzwildfütterung vor allem zur Vermeidung von Wildschäden im Feld. Man spricht deshalb von **Ablenkfütterungen**.

Ziel der Ablenkfütterung ist es, das Schwarzwild in Verbindung mit jagdlichen Ruhezonen an den Wald zu binden. An Ablenkfütterungen darf daher keinesfalls geschossen werden. Kirrungen sind dagegen kleine Futterplätze mit geringen Futtermengen, die dazu dienen, das Wild zwecks Erlegung anzulocken.

Schwarzwild - Futterautomat (Schmid Futterautomaten)

Ablenkfütterungen sind z. B. besonders wichtig:
- im Frühjahr, wenn das Schwarzwild zur Aufzuchtzeit viel Eiweiß benötigt und daher vermehrt Wiesenschäden verursacht, ferner
- zur Saatzeit von Mais,
- zurzeit der Milchreife, insbesondere bei Hafer und Weizen,
- zur Reifezeit von Mais,
- vor der Kartoffelernte.

Das Ablenkfutter wird so dargeboten, dass sich die Sauen möglichst lange mit der Futteraufnahme beschäftigen müssen. Dies geschieht z. B. durch ...
- breitwürfiges Ausstreuen von Mais,
- Einarbeiten von Mais oder Kartoffeln in den Boden,
- Verwendung von speziellen Futterautomaten oder Rollfässern.

Ablenkfütterungen sollten entweder in den Einständen oder in ruhigen Revierteilen auch am Rande, angelegt werden. Der Platz sollte von der Feldflur jedoch mindestens 500 - 600 m, besser noch weiter entfernt liegen.

Gefüttert wird mit Körnermais und allen anderen Getreidearten, einschließlich Abfallgetreide, Kartoffeln, Zuckerrüben, industriell hergestelltem Schwarzwildfutter und Aufbrüchen von Schalenwild (Ausnahme Schwarzwild).

Nicht verfüttert werden dürfen z. B. Schlachtabfälle und Küchenabfälle.

Eine übermäßige Maisfütterung kann aber auch das Gegenteil bewirken:
Durch die Aufnahme von kohlehydrat- und stärkereichem Mais (aber auch z. B. Eicheln und Bucheckern) steigt durch einen Mangel an Aminosäuren der Bedarf an tierischem Eiweiß sofort und sprunghaft an und die Sauen brechen vermehrt nach animalischer Kost unter der Grasnarbe (Wiesenschäden!). Um die Sauen möglichst lange an die Fütterung zu binden, werden verschiedene Einrichtungen verwendet (z. B. Rollfässer, Futterautomaten), die immer nur kleine Futtermengen freigeben (z. B. Pendelfässer). Wird ein Teil der Schwarzwildfütterung nur Frischlingen vorbehalten, verwendet man sogenannte Frischlingsrechen. Das ist ein Zaun, den nur Frischlinge passieren können (Lattenabstand!).

Fütterung der Hasen

Hasen nehmen im Winter auch Fütterungen des Schalenwildes und von Rebhühnern und Fasanen an. Auch bei hoher Schneelage erreicht der Hase noch die Knospen von Sträuchern und die Rinde von jungen Bäumchen.

Bei der Einrichtung von Hasenfütterungen gilt:
Gerne werden Fütterungen weit draußen im Feld, z. B. in Hegebüschen oder Hecken, angenommen. An gut angenommenen Hasenfütterungen kommt es oft zu größeren Losungsansammlungen. Deshalb sollten die Stellen öfters gewechselt werden. Schlecht angenommen werden dagegen Fütterungen an den Hauptpässen oder an Waldrändern.

Von Hasen wird gerne das sogenannte Prossholz angenommen (Foto unten).

Als Prossholz bezeichnet man abgeschnittene Zweige von Weichhölzern (z. B. Ausputzholz von Akazie, Espe, Weiden usw.), die beim Rückschnitt von Feldgehölzen, Hecken und auch beim Obstbaumbeschnitt (z. B. Apfel) anfallen.

Gerne geäst werden vom Hasen Maiskolben, Äpfel und Rüben.

Als Saftfuttergabe eignen sich z. B. Maissilage (mit hohem Körneranteil) und Apfeltrester / Hafergemisch.

Als Raufutter bevorzugen Hasen gutes Wiesenheu und Kleeheu.

Fütterung der Kaninchen

Eine Fütterung von Kaninchen kann in der Regel unterbleiben. Bei tiefer Schneelage erleiden aber auch die Kaninchenbestände große Verluste, wenn in Baunähe keine Äsung zur Verfügung steht. Die bei der Hasenfütterung genannten Futtermittel werden auch von Kaninchen gerne angenommen.

Fütterung der Rebhühner

Die beste Hilfe für die Hühner ist im Winter das **Freimachen der Bodendecke** mittels eines Schneepfluges. Zur Fütterung wird das Futter entweder an einer schneefreien Stelle ausgestreut oder manchmal nehmen die Hühner auch überdachte Schütten oder Futterautomaten an.

Keinesfalls sollte eine Futterstelle unter **einzelnen Bäumen, Stromleitungsmasten** usw. angelegt werden, da hier eine große **Gefahr durch Greifvögel** (Ansitzmöglichkeit!) droht. Zur Vermeidung von Konkurrenzkämpfen zwischen den Ketten ist mindestens eine **Futterstelle / Kette** notwendig.

Als Körnerfutter eignet sich Weizen, Gerste, Hirse, Druschabfall mit Sämereien verschiedener Wildkräuter. Außerdem werden als Saftfutter z. B. Kohl oder Äpfel angenommen.

Fütterung der Fasane

Geeignete Futterplätze finden sich in **Hecken, Feldgehölzen, Remisen oder Schilfbeständen.** Bei der Platzwahl ist sowohl auf **ausreichende Deckung** nächster Nähe, als auch auf **gute Rundumsicht** zu achten. Ungeeignet sind Futterplätze im freien Feld. In vielen Revieren wird zwar die traditionelle Schütte (vgl. Bild oben) immer noch verwendet, dennoch haben sich Futterautomaten verschiedener Konstruktionen in der Praxis besser bewährt.

Die Vorteile sind:

- keine Einschränkung der Sicht nach oben (Greifvögel!)
- keine Futterverschmutzung und -aufnahme durch Mäuse (Mäuse ziehen außerdem Beutegreifer an)
- leichter Platzwechsel

Als Futter eignen sich Getreide, vor allem Weizen und Gerste, Sonnenblumenkerne, Mais (nur in strengen Wintern, Gefahr der Verfettung), getrocknete Rosinen, Vogel-, Holunder- und Weißdornbeeren und als Saftfutter Äpfel, Kohl und Rüben. Zur Gewöhnung an die Futterautomaten und als Grundfutter unter den Schütten eignet sich Druschabfall (Abfallgetreide, Wildkräutersämereien, „Kaff"). Neben dem eigentlichen Winterfutter nehmen Fasane und Rebhühner gerne auch feinen Sand (Magensteinchen) auf und hudern gerne in Holzasche.

Fütterung der Enten

Als Futterstelle eignen sich bei strengem Frost fast alle noch offenen Wasserstellen, an denen sich Enten aufhalten. Bei kleinen Gewässern ist darauf zu achten, dass es durch zu große Futtermengen und den damit oft verbundenen Entenansammlungen nicht zu einer ökologischen Schädigung der Wasserfläche kommt. Das Futter wird entweder am Ufer ausgestreut oder auf Futterflößen angeboten. Auch Enten gewöhnen sich an Futterautomaten. Als Futtermittel eignen sich alle Getreidearten, einschließlich Druschabfall, ferner z. B. gekochte Kartoffeln oder auch altes Brot sowie Eicheln. Enten brauchen in Notzeiten vor allem Ruhe, damit unnötiger Energieverbrauch vermieden wird. Deshalb darf in der Notzeit, insbesondere am Futterplatz nicht gejagt werden.

Die wichtigsten Hegemaßnahmen der verschiedenen Wildarten

Die folgende Übersicht soll nur einen Überblick der wichtigsten Hegemaßnahmen geben. Auf örtliche Besonderheiten wurde nicht eingegangen. Bei vielen Arten (z. B. Raufußhühner) steht die Erhaltung des speziellen Lebensraumes in seiner Gesamtheit an erster Stelle. Die angeführten Maßnahmen können einen fehlenden Lebensraum nicht ersetzen.

Als Maßnahmen eignen sich:	Rotwild	Sikawild	Damwild	Muffelwild	Gams- und Steinwild	Rehwild	Schwarzwild	Hase	Fasan	Rebhuhn	Auer- und Birkwild
Anlage von Wildwiesen	■	■	■	■		■	(■)	■			
Anlage von Wildäckern	■	■	■	■		■	■	■	■	■	
Suhlen	■	■					■				
Salzlecken	■	■	■	■	■	■					
Anlage und Pflege von Hecken						■		■	■	■	
Anlage und Pflege von Feldgehölzen						■		■	■		
Ablenkfütterungen							■				
Schaffung von Wildschutzgebieten	■				■						■
Schaffung von Deckung im Feld (z. B. Stoppelbrache)								■	■	■	
Maßnahmen zur Vermeidung von Verkehrsverlusten	■	■	■	■		■	■	■			
... von Verlusten durch landwirtschaftliche Maschinen						■		■	■	■	
Regulierung von Beutegreifern (soweit erlaubt)								■	■	■	■
Fütterung in Notzeiten	■	(■)	(■)	(■)		(■)	■	■	■	■	

Fragen zur Wiederholung

Die Fragen zur Wiederholung sind angelehnt an die Fragestellung der mündlichen Prüfung, in welcher oft übergeordnete Zusammenhänge abgefragt werden. Die Lösungen finden Sie in dem voranstehenden Kapitel 15.

Welche Futterarten lassen sich unterscheiden?

Welche Grundsätze gelten für die Fütterung in Notzeiten?

Welche gesetzlichen Bestimmungen gibt es in Ihrem Bundesland bezüglich der Winterfütterung?

Was ist beim Silieren zu beachten und was wird dazu verwendet?

Welche Futtermittel eignen sich für die Fütterung von Hasen, Fasanen und Rebhühnern?

Welche Grundsätze gelten für eine Schwarzwildablenkfütterung?

Was ist bei der Anlage von Fütterungen für Rebhühner zu beachten?

Welche Wildarten benötigen in der Regel keine Winterfütterung?

Wie beurteilen Sie die Anlage dieser Fasanenfütterung (Bild links) in punkto Feindvermeidung?

Welche Grundsätze gelten für die Rotwildfütterung (Bild rechts)?

Den kostenlosen Heintges-Thementest
„Winterfütterung und Salzlecken“
finden Sie im Internet unter www.jagdtrainer.de

10 Tipps zum optimalen Lernen

- Effektives Lernen ist selbst gewollt!
- Lernen verlangt Ausdauer, Konzentration, Übung und ist „handfeste“ Arbeit!

Sie müssen lernen wollen ... . Sie tragen die Verantwortung für Ihr Lernen ... .
Vor allem die Motivation, die Bereitschaft lernen zu wollen und die Lust am Lernen entscheiden darüber, ob Sie erfolgreich lernen. Ihr Ausbilder kann Sie nicht „lernen machen“, Sie müssen lernen wollen!
Es gibt nicht **die** Lernmethode, es gibt nicht **den** idealen Platz zum Lernen, es gibt nicht **die** ideale Zeit zum Lernen - aber es gibt Erkenntnisse und Hinweise zur Verbesserung des Lernens und zur Erreichung eines höheren Lernerfolges.

1. Überblick über den Lernstoff gewinnen:
Blättern Sie zu Beginn das Buch (Arbeitsheft) und die Kapitel locker durch, entdecken Sie Interessantes und Unbekanntes, lesen Sie nicht gleich vom Vorwort an Buchstabe für Buchstabe, sondern schließen Sie mit dem Material erst einmal „Freundschaft“ und machen Sie sich mit diesem vertraut.

2. Das Interesse für den Lernstoff wecken:
Wofür interessieren Sie sich sofort, wo verweilen Sie? Diese Seiten werden Ihnen wenig Schwierigkeiten machen! Welche Inhalte interessieren Sie nicht, welche finden Sie langweilig und welche „eigentlich reichlich unwichtig“? Diesen Seiten müssen Sie sich verstärkt widmen!

3. Sich auf das Wichtigste und Wesentlichste konzentrieren:
Ein großes Problem ist die Fülle des Lernstoffes. Bewahren Sie die Übersicht!

Was brauchen Sie ...
- für die Prüfung,
- für ein verantwortliches Handeln als Jäger?

Investieren Sie die Lernzeiten nicht einseitig in Vorlieben, kennzeichnen Sie besonders wichtige Inhalte, lernen Sie prüfungsrelevante Teilgebiete in belastungsfreien Zeiten.

4. Die Inhalte strukturieren, Zusammenhänge herstellen:
Fertigen Sie einen Inhaltsüberblick über den gesamten Lernstoff, markieren Sie unbekannte und schwierig erscheinende Inhalte besonders.

5. Zeiteinteilung:
Sie sollten den Stoff in Portionen und Lernschritte aufteilen und entsprechende Zwischenziele bestimmen. Gliedern Sie den Lernstoff als Faustregel in maximal sieben Teile. Zu jedem Teil schreiben Sie, worum es in diesem geht. Legen Sie im Blick auf einen feststehenden Prüfungstermin fest, bis wann die einzelnen Portionen gelernt sein sollen. Danach gehen Sie die Portionen nacheinander durch und wiederholen bereits Gelerntes in immer größeren Abständen.

6. Den Lernstoff einprägen:

Regeln:
- Lernen Sie nicht stur auswendig - versuchen Sie, den Stoff zu verstehen.
- Versuchen Sie, den Stoff mit bekannten Lerninhalten zu verknüpfen.
- Gliedern Sie den Stoff durch sinnvolles Unterstreichen, ordnen Sie den Farben eine bestimmte Bedeutung zu.
- Die erste Wiederholung wirkt am stärksten - setzen Sie diese möglichst früh an! Bei den folgenden Wiederholungen sollten Sie die Zeitabstände größer werden lassen!
- Je schwieriger der Stoff, desto größer ist die Anzahl der notwendigen Wiederholungen.
- **Wenn Sie lernen, dann lernen Sie total -**
  wenn Sie entspannen, dann entspannen Sie sich total!
  (nicht Radiohören oder übers Wochenende nachdenken und gleichzeitig auf die Jägerprüfung lernen)
  „Arbeitszeit = Lernzeit + Pausen“. Pausen sind ein wichtiger Teil im Lernvorgang.

10 Tipps zum optimalen Lernen

- Freude und Verstärker finden:
  Wenn der Lernstoff interessant ist, dann bereitet auch das Lernen Freude. Wenn der Stoff nicht interessant ist, sollten Sie sich selbst Belohnungen für erfolgreich geleistete Lernzeiten zugestehen.
- Beobachten Sie sich selbst: Wo, wann und unter welchen Bedingungen lernen Sie am besten?

Sie können Ihr Lernen unterstützen:
- Karteikartenmethode (für die schwierigen Inhalte):
  Auf der einen Seite steht das Problem, auf der anderen die Hilfe/Lösung. Arbeiten Sie immer wieder mit den Karteikarten. Je sicherer eine Karte beherrscht wird, desto weiter wandert sie im Karteikasten nach hinten - im ersten Abschnitt des Kastens stecken also die schwierigen Fragen.
- Memory-Methode:
  Schreiben Sie in die Mitte eines leeren Blattes ein zentral wichtiges Wort und füllen Sie nun das Blatt, indem Sie um das Wort herum alle wichtigen Begriffe und Sätze formulieren, die Ihnen dazu einfallen. Ein Lernpartner kann dies überprüfen und ergänzen.
- Datenband zu einem Kapitel:
  Schreiben Sie sich zu einem Kapitel bis zu sieben zentrale Begriffe auf jeweils ein leeres Blatt und legen Sie die Blätter nebeneinander - füllen Sie jetzt die einzelnen Blätter übersichtlich mit Wissenselementen zu dem jeweiligen Begriff; vielleicht entsteht sogar ein Schaubild, das Zusammenhänge deutlich macht. Nützen Sie das Datenband immer wieder für Wiederholungen.
- Begriffe in Zusammenhang bringen:
  Lernen Sie die Begriffe nicht isoliert - verbinden Sie die Begriffe und setzen Sie sie zueinander in Beziehung.
- Fertigen Sie Skizzen/Tabellen/Übersichten (z. B. als Zusammenfassung) an.
- Verlieren Sie den Gesamtstoff und den aufgestellten Lernzeitplan nicht aus den Augen.
- Lernen ist ein aktiver Prozess. Beteiligen Sie sich im Unterricht am Gespräch. Auch aktives Zuhören (Notizen fertigen, sich Fragen zum Gehörten aufschreiben ...) erleichtert das Lernen zu Hause.
- Schreiben Sie nicht zu knapp und möglichst sauber mit, damit auch nach einiger Zeit die Zusammenhänge nachvollziehbar bleiben. Setzen Sie dabei Zeichen für: „Besonders wichtig ...; siehe Arbeitsheft, Seite ... ; habe ich noch nicht verstanden ...".
- Heften Sie Zettel an Ihren Arbeitsplatz, damit Sie Ihr Lernen begleitet und immer vor Ihren Augen ist (z. B. „Enten" nochmals gründlich durchgehen - auf einem anderen Zettel stehen fünf Begriffe, die Sie sich einfach nicht merken können).
- Lesen Sie nicht einfach Seiten, sondern schlagen Sie eine Buchseite auf und rekapitulieren Sie aus dem Gedächtnis die Seite. Setzen Sie das Buch als Hilfe ein, um Lücken zu schließen und um sich zu vergewissern.

7. Die Lernarbeit exakt durchführen / Beim Lernen Diziplin zeigen:
Durch Wiederholungen wird man besser oder schlechter - schlechter, wenn man die beim Wissenserwerb geschehenen Fehler mittransportiert und diese durch Wiederholung verfestigt - also: bei Unsicherheit sollten Sie nachschlagen oder nachfragen.

8. Durch praktische Anwendung Gelerntes kontrollieren:
Bei Wissen, das zu manuellen und praktischen Anwendungen erworben wird, führen Sie diese aus und setzen Sie dabei das erworbene Wissen bewusst ein. Spielen Sie bei mehr theoretischen Inhalten kleine Referate durch (Wie würde ich die Sache meinen Kurskollegen vorstellen?) oder suchen Sie bewusst Fachgespräche zu bestimmten Inhalten mit Kollegen.

9. Kontrollieren, ergänzen, vertiefen:
Arbeiten Sie Schwachstellen und Unsicherheiten nochmals durch.

10. Das Gelernte nicht in Vergessenheit geraten lassen:
Suchen Sie zusätzliche Informationen zum Gelernten. Setzen Sie regelmäßig eine richtig dosierte Wiederholung ein. Suchen Sie aktiv die praktische Anwendung.

A

B

C

D

E

F

F

G

H

I

J

K

Z

Bildquellennachweis:

Zeichnungen / Grafiken: Heintges Lehr- und Lernsystem GmbH

Titelbild:
© Sally Wallis / Fotolia.de (Bild ul); © Michael Neuhauß / Fotolia.de (Bild ur); T. Angermayer (Bild or); Heintges Lehr- und Lernsystem GmbH (Bild ol)

Inhalt:
© K. Schmidt (LW 1.1 / LW 2.5 / LW 4.1 / LW 5.1 ul / LW 7.1 / LW 7.2 / LW 7.4 / LW 7.5 / LW 7.6 / LW 7.7 or + ol + ml / 7.8 o / 7.9 ur / LW 7.11 / LW 8.1 ul + ur / LW 8.5 / LW 8.6 / LW 8.7 / LW 10.3 mu + ul / LW 11.4 / LW 12.2 / LW 13.3 / LW 14.4 r / LW 15.1 o + m + ul / LW 15.2 m + u / LW 15.3 o / LW 15.4 / LW 15.5 o / 15.6 o + m / LW 15.7 / LW 15.8 o + m / LW 16.1 / LW 16.2 / LW 17.7 / LW 17.9 / LW 17.12 / LW 20.1 / LW 20.3 u / LW 20.5 ml + mr / LW 20.7 ul / LW 20.8 ul / H 1.1 u / H 2.1 / H 3.2 u / H 4.1 / H 8.1 / H 8.2 o + om + u / H 8.3 o + m / H 9.1 mr + ml / H 9.2 or + ol + ur / H 9.3 or + mr / H 9.4 ol + mr + ml + ur / H 9.5 mr + ml + u / H 9.6 mr / H 9.7 o / H 10.2 / H 10.3 / H 10.4 / H 11.1 o / H 12.1 / H 12.2 / H 13.3 m / H 15.3 ur + ul / H 15.4 / H 15.7 o / H 15.8 / H 15.10)
© Heintges Lehr- und Lernsystem GmbH (LW 2.3 / LW 2.4 / LW 5.1 o / LW 5.2 m + u / LW 5.2 o + m / LW 6.1 m + u / 7.8 m / 7.9 o + ul / LW 8.1 or / LW 11.1 / LW 13.2 / LW 14.1 / LW 15.1 ur / 15.2 o / LW 15.3 m + ul / LW 17.1 / LW 17.8 r / LW 17.11 m + u / LW 18.3 / LW 19.5 / LW 19.6 u / LW 20.3 o (1 - 4) / LW 20.4 / LW 20.5 ol + or / LW 20.6 om + or / LW 20.7 or + mr + ur / LW 20.8 ur / H 3.1 o / H 3.2 or + ol / H 7.6 l / H 8.2 mu / H 9.1 ol + ur / H 9.2 mr + ml + ul / H 9.3 ol / H 9.6 ol + ml / H 9.7 m / H 11.3 / H 13.1 / H 13.2 / H 13.3 o / H 14.1 / H 15.3 o / H 15.7 u)
© W. Kuhn (LW 4.2 / LW 4.3 / LW 4.6 / LW 10.3 o + mo + ur / H 7.6 r / H 9.6 or + ur + ul)
© Thaut Images / Fotolia.de (LW 4.5 o)
© T. Angermayer (LW 4.5 ul / LW 19.1 / LW 19.2 / LW 19.3 / LW 19.6 mu / H 13.3 ur + ul)
© we-are-web / Fotolia.de (LW 4.5 ur)
© Hermann Kuse GmbH, Spenge (LW 5.1 ur)
© Fr. K. v. Eggeling (LW 5.2 o / LW 8.1 ol / LW 17.2 / LW 20.7 ol + ml)
© J. Rauwolf (LW 5.3 u)
© beatuerk / Fotolia.de (LW 6.1 o)
© K. F. Wolfstetter (LW 7.7 mr / LW 15.5 u / LW 15.6 u)
© TMLP / Fotolia.de (LW 7.7 u)
© Dr. G. B. Weis (LW 7.8 ur / LW 15.3 ur / LW 20.5 ul / H 6.4 / H 9.3 ml + ur + ul / H 9.5 ol)
© Bayerische Landesanstalt für Bodenkultur und Pflanzenbau, Freising (LW 7.8 ul / LW 7.10 o + m)
© Martina Boch / Fotolia.de (LW 7.9 m)
© Tomo Jesenicnik / Fotolia.de (LW 7.10 u)
© E. Thiermeyer (LW 14.3)
© M. Hertel (LW 14.4 ol)
© Jürgen Schiersmann / Bildermehr.de (LW 14.4 ul)
© J. D. Godet / Arboris Verlag (H 9.7 u)
© G. Dagner (LW 15.2 m)
© H. Schwenk (LW 17.3 / LW 17.4 o / LW 17.6 um / LW 17.11 o)
© H. Hacker (LW 17.4 m + u)
© H. Steiner (LW 17.6 o + om / LW 17.6 u)
© K. Schweizer (LW 17.8 l)
© K. Schwammberger (LW 19.6 o)
© Svetlana Gatova / Fotolia.de (LW 19.6 om)
© Fa. Grube KG, Hützel (LW 20.5 ur / LW 20.8 or + ol)
© R. Bender (LW 20.6 ol)
© Thomas Mounsey / Fotolia.de (H 3.1 u)
© Otto Durst / Fotolia.de (H 5.4 o)
© garteneidechse / Fotolia.de (H 5.4 u)
© Sven Hoppe / Fotolia.de (H 6.2 o)
© Alta C. / Fotolia.de (H 6.2 u)
© H. Kerzel (H 7.4 or + ol / H 7.5)
© Bernd Kröger / Fotolia.de (H 8.3 ul)
© Weska / Fotolia.de (H 8.3 ur)
© laurent gehant / Fotolia.de (H 9.1 ul)
© Heike Rau / Fotolia.de (H 9.4 or)
© Dr. W. Völkl (H 9.5 or)
© M. Gorny (H 11.1 u)
© Schmid Futterautomaten, Pfaffing-Rettenbach (H 15.6)
© Fototasche / Fotolia.de (H 9.4 ul)
© Firma Hermann Kruse GmbH, Spenge (LW 5.1 ur)
© tholi75 / Fotolia.de (H 1.1 o)
© A. Maas (LW 11.3)
© S. Schlott (LW 15.3 or)

BESTELLUNG

heintges
ERFOLGREICH AUSBILDEN & LERNEN

ARBEITSBLÄTTER	Stück	Bestellnummer	Preis je Einheit
Wildkrankheiten, Versorgen & Verwerten von Wild		201	15,00 Euro
Waffen - Munition		202	15,00 Euro
Haarwild		203	15,00 Euro
Federwild		204	15,00 Euro
Jagdliche Praxis		205	15,00 Euro
Jagdhunde		206	15,00 Euro
Land- und Waldbau, Wildhege		207	15,00 Euro
Naturschutz		208	15,00 Euro
Waffenrecht		209	15,00 Euro
Jagdrecht Bayern (2 Hefte)		210	15,00 Euro

TESTMETHODE JAGD	Stück	Bestellnummer	Preis je Einheit
Testmethode Jagd (Sammelband, 8 Fachgebiete)		300	40,00 Euro

PRAXISBROSCHÜREN	Stück	Bestellnummer	Preis je Einheit
Waffenhandhabung - Sicherheit im Umgang mit Waffen		2022	10,00 Euro
Behandlung der Trophäen		2011	10,00 Euro
Biotopverbesserung im Feld durch Heckenpflege		2030	10,00 Euro

LERNKARTEN	Stück	Bestellnummer	Preis je Einheit
Lernkarten Jagd (ca. 500 Karten)		220	50,00 Euro
Lernkarten „Ansprechen von Schalenwild“ (ca. 120 Karten)		222	10,00 Euro

GRUNDAUSSTATTUNG JAGD	Stück	Bestellnummer	Preis je Einheit
9 Arbeitsblätter in der Sammelbox: Wildkrankheiten, Versorgen und Verwerten von Wild; Waffen-Munition; Haarwild; Federwild; Jagdliche Praxis; Jagdhunde; Land- und Waldbau, Wildhege; Naturschutz; Waffenrecht		200	130,00 Euro

KOMPLETTANGEBOT JAGD	Stück	Bestellnummer	Preis je Einheit
bestehend aus: **Grundausstattung in der Sammelbox:** Wildkrankheiten, Versorgen und Verwerten von Wild; Waffen-Munition; Haarwild; Federwild; Jagdliche Praxis; Jagdhunde; Land- und Waldbau, Wildhege; Naturschutz; Waffenrecht **Lernkarten:** „Jagd“ und „Ansprechen von Schalenwild“ **Praxisbroschüren:** Waffenhandhabung, Behandlung der Trophäen, Biotopverbesserung im Feld durch Heckenpflege **Testsammelband** oder **3-Monatsabo Jagdtrainer**		25 mit Testsammelband	225,00 Euro
		20 mit 3-Monatsabo Jagdtrainer	225,00 Euro

WWW.JAGDTRAINER.DE Interaktives Lernprogramm

Abonnements:

1 - Monatsabo	30,00 Euro
3 - Monatsabo	50,00 Euro
6 - Monatsabo	80,00 Euro
1 - Jahresabo	100,00 Euro

Bezahlung per Kreditkarte, Lastschrift, PayPal oder per Rechnung
Lassen Sie sich direkt unter **www.jagdtrainer.de** registrieren. Das System wird sofort freigeschaltet und Sie können alle Funktionen des Jagdtrainers unverzüglich nutzen.

Alle Preise gelten inkl. Mehrwertsteuer, zzgl. Versandkosten - gültig ab 01. Juli 2014

BESTELLUNG

☒ Ja, hiermit bestelle ich, wie umseitig angegeben:

Kundennummer:

____

Name, Vorname:

____

Straße, Nummer:

____

PLZ, Ort:

____

Telefon (tagsüber):

____

E-Mail:

____

Datum, Unterschrift:

____

Rückgaberecht innerhalb von 14 Tagen:
Wir gewähren Ihnen auf die Artikel aus unserem Hause 14 Tage Rückgaberecht. Von Umtausch und Rückgabe ausgeschlossen sind CDs, DVDs, Beamervorträge aller Art und Onlinetrainerabos.

Zahlungs- und Lieferbedingungen:
Sie erhalten die Ware mit beiliegender Rechnung. Bis zur vollständigen Bezahlung bleiben sämtliche Artikel in unserem Besitz. Fracht und Verpackung werden gesondert berechnet. Alle Preise sind inklusive der derzeit geltenden Mehrwertsteuer ausgewiesen. Unsere Produkte entwickeln wir ständig weiter. Preis- und Artikeländerungen ohne vorherige Ankündigung behalten wir uns vor. Die Preise sind ab 01. Juli 2012 gültig.

Bestellen Sie schnell und bequem:

Telefon: 09231/4198
Telefax: 09231/4199
E-mail: lehrundlern@heintges.de
Shop: www.lehrundlern.heintges.de

Heintges Lehr- und Lernsystem GmbH
Leopoldstraße 4
D-95615 Marktredwitz